北京电影学院摄影学院专业教材

摄影光线的造型魅力

贾 婷 著

中国摄影出版传媒有限责任公司

China Photographic Publishing & Media Co., Ltd.

中国摄影出版社

图书在版编目（CIP）数据

摄影光线的造型魅力 / 贾婷著 . -- 北京：中国摄
影出版传媒有限责任公司 , 2024.1
ISBN 978-7-5179-1378-8

Ⅰ . ①摄… Ⅱ . ①贾… Ⅲ . ①摄影光学 Ⅳ .
① TB811

中国国家版本馆 CIP 数据核字 (2024) 第 000247 号

摄影光线的造型魅力

作　　者：贾　婷
出 品 人：高　扬
责任编辑：郑丽君
装帧设计：冯　卓
出　　版：中国摄影出版传媒有限责任公司（中国摄影出版社）
　　　　　地址：北京市东城区东四十二条 48 号 邮编：100007
　　　　　发行部：010-65136125 65280977
　　　　　网址：www.cpph.com
　　　　　邮箱：distribution@cpph.com
印　　刷：北京科信印刷有限公司
开　　本：16 开
印　　张：12.75
版　　次：2024 年 12 月第 1 版
印　　次：2024 年 12 月第 1 次印刷
ISBN　978-7-5179-1378-8
定　　价：79.00 元

目　录

前　言　　　　　　　　　　　　　　　　　　　　　　　6

第一章　光的基础知识　　　　　　　　　　　　　　8
第一节　摄影师眼中的光　　　　　　　　　　　　　　9
第二节　摄影师如何描述和评价光　　　　　　　　　16
第三节　被摄对象表面的光线特性　　　　　　　　　29
第四节　摄影中常用的光线定律与原理　　　　　　　33

第二章　外景自然光光线处理　　　　　　　　　　36
第一节　自然光的基本特征及其视觉感受　　　　　　37
第二节　外景自然光的处理　　　　　　　　　　　　40
第三节　自然光特殊光效的处理　　　　　　　　　　48

第三章　热靴闪光灯的使用和造型技巧　　　　　56
第一节　热靴闪光灯的基础知识　　　　　　　　　　57
第二节　热靴闪光灯的主要功能和闪光附件　　　　　60
第三节　闪光曝光测量和设定　　　　　　　　　　　68
第四节　闪光曝光的基本原理　　　　　　　　　　　70
第五节　热靴闪光灯的基本使用技巧　　　　　　　　78

第四章　混合光源的使用和造型技巧　　**84**

第一节　混合光源的类型和用法　　85

第二节　混合光源下的光线造型技巧　　91

第五章　棚内影室灯的使用和造型技巧　　**100**

第一节　影室灯的种类、构造及灯光附件　　101

第二节　影室灯的基础造型作用　　117

第三节　单灯照明造型　　123

第四节　多灯布光造型　　126

第六章　棚内拍摄玻璃、金属制品的布光技巧　　**134**

第一节　玻璃制品拍摄布光的基本要求和涉及原理　　135

第二节　亮背景勾暗线造型和暗背景勾亮线造型　　137

第三节　给玻璃制品增加色彩和动感效果　　145

第四节　不透光的玻璃制品拍摄——红酒瓶　　150

第五节　拍摄金属制品常用的布光方法和造型效果　　155

第七章　　棚内人像拍摄布光的造型技巧　　**162**

第一节 棚内人像拍摄布光的基本要求和方法　　163

第二节 棚内人像摄影宽光照明和窄光照明　　171

第三节 棚内人像摄影经典布光造型　　175

第四节 棚内人像摄影提升视觉效果的方法　　185

第五节 棚内创意人像摄影布光案例　　190

结　语　　**202**

前　言

　　北京电影学院摄影学院1996年2月由北京电影学院和中国摄影家协会联合成立，其前身为北京电影学院原基础雄厚的摄影系图片教研室，是中国最早开展摄影教育、专门培养图片摄影人才的院系。多年来通过一代代专业教师的努力，北京电影学院摄影学院已建成全国首屈一指的图片摄影教学体系，并积累了丰富的教学经验。学院教学的目标就是培养图片摄影各个领域、全产业链条上的高层次专业人才。目前摄影学院有三个专业方向：图片摄影方向、商业摄影方向和媒体影像制作方向。作为教育部全国第五轮学科评估中一级学科美术学的强有力支撑，摄影学院在各门课程教材建设方面一直在深耕细作，推陈出新。

　　摄影是用光的艺术，学院自建院起便教授摄影用光课程，曾由著名教授王伟国、优秀教师郑涛主讲。一直以来，"摄影光线造型与处理"都是本科教学核心的专业基础课。这门课程将技术和艺术紧密结合，在实践教学部分摄影者要操作大量的摄影灯光器材，对于摄影初学者或学习摄影的低年级学生而言有一定门槛，所以需要一本专业教材系统介绍目前业界室内外拍摄运用的主流灯具、附件及操作方法。另外，随着近年来摄影器材、灯光设备的飞速迭代，摄影光线造型理念和审美观念也不断发展变化，这就需要摄影专业教师在从"艺"方面进行引领，坚持"以人民为中心"的文艺创作导向，用摄影作品来弘扬中华优秀传统文化，深入生活，扎根人民，为新时代塑造可亲、可信、可敬的生动形象。基于上述考虑，在文化名家暨"四个一批"人才工程资助项目的支持下，本人编撰这本教材，以便服务于摄影专业院校的师生和广大摄影爱好者。

　　该教材是本人从事9年一线教学的知识积累和经验总结，写作时的主要出发点是发扬摄影学院历来重基础的传统，夯实摄影光线教学之基。就内容设定而言，首先，本教材要阐释清楚摄影用光、布光的一些基础概念和基本原理，如光的反射定律、照度平方反比定律，这些知识是摄影师控制光线技术的理论基础，用理论指导实践。其次，为了让学习者在实践中加深对理论的理解，本教材将对热靴闪光灯、外拍灯、棚内影室灯的使用和光线造型技巧进行较为深入的讲解，再结合静物摄影、人像摄影等摄影门类进行实操创作，使学习者能在掌握一定摄影创作规律的基础上，了解在不同光线条件下拍摄的基本流程，熟悉布光、控光的基本要领，从而能拍摄出有明显光线意识、质量上乘的摄影作品。再次，本教材还提供了一些针对性强的实践作业题，来帮助学习者加深理解每个章节的重点和难点。

本教材有三大特色：其一是内容与时俱进。本教材紧跟摄影科技的发展，结合当前摄影灯光设备和审美造型意识的进步，立足课堂教学进行内容讲解，通俗易懂。其二是结构系统合理。教材的知识点清晰，内容连贯，每一章节都包含明确的学习内容和训练目标。其三是图例丰富精彩。一部分图例是来自知名摄影家的佳作，绝大部分图例出自摄影学院历届学生的课堂作业，这些优秀的学生作业是这门课最有说服力的教学成果。另外，教材对应的这门课还被列为北京电影学院课程思政示范课，因为教材中不仅收录了中国老一辈著名摄影家拍摄的经典红色影像，还有当代摄影师的杰出人物肖像作品，对摄影学习者有一定教育意义。

由于本人视野和精力有限，本书难免有不足之处，敬请读者批评指正！最后要感谢北京电影学院摄影学院师生以及我家人的大力支持！感谢摄影界友人的鼎力相助！

第一章 光的基础知识

　　光是摄影造型的基础，也是必备要素。学会运用光进行摄影创作，首先要了解一些关于光的基本常识和光线造型的基本规律，然后结合创作实践才能不断提升用光、控光的本领。本章节主要介绍光的物理特性对摄影创作的影响，帮助读者理解摄影师眼中光的价值和作用，并学习一些最关键的光的特性和光学定律，这些基础知识都是我们学习摄影用光的基石。摄影师要会用光"写作"，要从塑造形象、审美的角度看待并使用光，而不仅仅是从物理角度了解光。

第一节　摄影师眼中的光

　　光是视觉艺术创作不可或缺的物质条件和造型手段,绘画、摄影、电影等艺术门类的创作很大程度上依赖光才能得以完成。没有光就没有形,没有影,没有色,从一定意义上讲,摄影的基础就是光。正如我国著名的摄影艺术家、摄影教育家吴印咸所说:"然而摄影艺术唯一的生命线,却不得不是'光'的要素了。摄影需要光,就等于鱼需要水,和人类需要空气一样;没有光,就没有摄影。"光能使数码相机的感光元件、传统相机的胶片得以感光;光能给被摄对象塑形,增加其立体感并传达色彩信息;光能表现场景的空间结构,并营造氛围感;光还能带给观者丰富的视觉体验,从而激发审美情感。所以,摄影师进行摄影创作时,光是一个绝对不能忽略的要素,学习者要通过掌握光的特性和规律,学习用光的造型技术和技巧,在实践中不断地解决问题,才能得心应手地运用光线创作出高质量的摄影作品。

　　光到底是什么,这个问题很早就引起人类的注意。很长时间内,人们都在不断地探索光的奥秘。

　　光学既是物理学中一门古老的学科,又是现代科学领域中最活跃的前沿学科之一。人类对光的认知经历了漫长而复杂的过程——从最初的直观观察到后来的科学实验和理论研究——逐渐深入揭示了光的本质和特性。

　　早在公元前 400 年左右,中国古代著名哲学家和科学家墨子及其弟子就对光的现象进行了深入的观察和研究。《墨经》详细描述记录了光的直线传播特性以及小孔成像的现象。

　　近现代以来,欧洲科学界诞生了以荷兰物理学家、天文学家、

---

1. 龙熹祖编著:《中国近代摄影艺术美学文选》,北京:中国民族摄影艺术出版社,2015 年 5 月版,第 467 页。

数学家惠更斯为代表的光波动说，伟大科学家牛顿为代表的光微粒说，以及后续的光的"波粒二象性"等关于光本质的学说，体现了物理学界对于光本质的持续探索。

我国著名的美学家朱光潜先生在《谈美》第一章中论述的对于一棵古松的三种态度，很形象地指出了不同职业的人由于所站的立场不一样，对古松的态度也不尽相同。商人对古松抱有实用的态度，植物学家对古松抱有科学的态度，画家看到古松则抱有美感的态度。同理，谈论光这个话题，物理学家是从科学的态度出发，客观、理性地研究光，而摄影师则更多地是从形象塑造、审美的角度出发研究运用光。

摄影师需要利用光来进行摄影造型，所以要熟悉光的作用，包括利用光来塑造形象、表现质感、突出立体感、构建空间感，并营造氛围感。

（一）塑造形象

无论是拍摄景物，还是拍摄人物，塑造形象是第一位的。摄影师不仅要保证给予主要被摄对象或被摄对象的主要部分充足的照明，还要结合相机的曝光控制来整体控制曝光，使被摄对象得到合适的、符合拍摄意图的曝光。只有这样，被摄对象才能在画面中获得充分的显现，而不会由于曝光不足或曝光过度使得观者无法准确把握被摄对象的外形、外貌信息。当然，摄影师用光除了显现被摄对象的原貌，还能创造性地塑造被摄对象。光是摄影的一种语言，摄影师要通过运用光的不同光质、角度、方向、颜色等手段来塑造丰富的、造型迥异的视觉形象。如在电影摄影中，摄影师使用夸张的高光来塑造出特殊的人物角色形象，使用极致的顶光造成夸张的颧骨和鼻部阴影，让观者产生阴森、恐怖的视觉感。

（二）表现质感

所谓质感，就是"通过不同的表现手段，表现出各种物体所具有的特质，如钢铁、竹木、陶瓷、玻璃、呢绒等软硬、轻重、粗细、粗糙等感觉，给人以真实感"[2]。在摄影造型中，人们是通过视觉感受来感知物体质感的，如物体的表面结构、光泽和亮度。当然，人们对质感的认知在一定程度上也依赖于长期积累的生活经验。

不同物体在不同角度、不同性质的光照下，能传达出光滑、粗糙、柔软、坚硬等风格迥异的视觉感受。摄影师通过光线描摹刻画物体质感，能勾起观者的视觉和触觉等感官经验，从而建立起对物体的辨别和直观感受。如：透明玻璃杯会让人脑海里浮现出通透、干净的形象；金属餐具则会让人联想到有硬度并带有金属光泽的形象。当然，光除了再现的功能，还有表现的功能。摄影师也可以创造性地使用光，来强调或弱化、突出或隐藏被摄对象。比如当拍摄红酒瓶时，只打一个逆光轮廓光，酒瓶的质感就会变得不再重要，而是更突显酒瓶外形的流线感。

（三）突出立体感

立体感需要通过高光、阴影以及高光和阴影之间的影调过渡来体现。特定角度的光线（前侧光、侧逆光等）照射到被摄对象上会形成亮面、暗面和亮暗之间的过渡面，这种丰富的明暗变化能给被摄对象增加立体感，让观者在观看平面摄影二维影像的基础上建立三维的立体感，使被拍对象的形象更加真实生动、栩栩如生。在拍摄中，摄影师一定要重视光和影相生相伴的关系，尽可能地用影子元素制造画面的立体感。摄影大师吴印咸曾在论文中这样表述光与影的关系："光是摄影的父亲，而影子便是摄影的母亲。"[3] 无独有偶，唐代大诗人李白的《月下独酌》这首诗也让人深刻地感受到诗词中用光影关系来表达的一种生命哲思："花间一壶酒，独酌无相亲。举杯邀明月，对影成三人。月既不解饮，影徒随我身。暂伴月将影，行乐须及春。我歌月徘徊，我舞影凌乱。醒时同交欢，醉后各分散。

2.辞海编辑委员会编纂:《辞海》上册,上海:上海辞书出版社,1999年版,第617页。
3.龙熹祖编著:《中国近代摄影艺术美学文选》,北京:中国民族摄影艺术出版社,
　2015年5月版,第464页。

永结无情游，相期邈云汉。"李白将月亮、影子和诗人自己作为观察对象，通过酒后三者微妙的关系，表达了由孤独凄凉转而乐观豁达的心境。有光、有人、有影的画面立刻让人置身于三维的空间，使得诗意通过立体、生动的形象传达出来。

（四）构建空间感

早在欧洲文艺复兴时期，一些大艺术家就发现透视法能营造更好的空间感。15世纪早期，佛罗伦萨的著名艺术家菲利普·布鲁内莱斯基就尝试在建筑上用二维平面表现三维空间。他发现了线性透视，就是画面中有一条视平线，在视平线上面，所有跟画面垂直的线条，它们的延长线会相交于视平线上的一点，被称为"灭点"（vanishing point）。这种透视又被称为"单一灭点透视"，代表艺术家有佛罗伦萨著名画家马萨乔。后来，艺术家们又在此基础上提出了"空气透视"：近处物体色彩饱和，趋于暖色，明度高；远处的物体因为中间隔着空气，色彩饱和度低，趋于冷色，明度低。空气透视法借助空气对视觉的阻碍，表现画面中的空间感。其创立者为著名画家莱奥纳多·达·芬奇。达·芬奇还有一个重大贡献，就是把近处的形象画得清晰，远处的景物画得不清楚，进而形成一种"隐没透视法"，通过清晰和模糊的对比营造出自然、真实的空间感。摄影创作中营造画面的空间感，除了吸收上述建筑、绘画运用透视法的经验，还可以通过光和影的处理形成一种视觉明暗节奏，很好地营造空间的纵深感。

（五）营造氛围感

在摄影创作中，摄影师不仅要重视对被摄对象的塑造，也要意识到陪体和背景的重要性，"红花还要绿叶衬"就是这个意思。在摄影创作中，有时需要摄影师给前景和背景补充照明，让被摄主体所处的环境显现更多细节、呈现更丰富的色彩，起到烘托气氛、交代信息的作用。氛围感的营造往往是摄影光线造型的加分项，能够增强观者的代入感。

综上，摄影师对光的认识和物理学家是有差异的，摄影者

图 1-1-1　塑造形象
图例：2003 年 2 月 24 日新疆伽师－巴楚发生 6.8 级强烈地震，当地妇女用红色塑料花装饰临时救灾棚。贾婷摄

对光的直观感受要依靠对相机等图像采集设备的操控传达出来。摄影师的特点就是独具慧眼，善于在拍摄平常之物中发现特殊性、发现美，特别是善于察觉并利用光线来塑造美的形象，使观者得到美的体验。著名雕塑大师罗丹这样评价有敏锐洞察力的艺术大家："所谓大师，就是这样的人：他们用自己的眼睛去看别人见过的东西，在别人司空见惯的东西上能够发现出美来。"[4] 当然，我们不应狭隘地理解摄影只单纯地表现美，自古以来人们对美的看法就是多样的，个人认为我们应秉承著名社会学家费孝通先生总结的"各美其美，美人之美，美美与共，天下大同"理念来看待美的问题。摄影家用光塑造"美"的形象，并不仅仅是为了揭示表象的美，而是一种对"美"深层次的探索和追求。

4.[法] 罗丹述，葛赛尔著，傅雷译：《罗丹艺术论》，北京：中国社会科学出版社，2001 年 4 月版，第 5 页。

图 1-1-2 表现质感
图例：秋日雨后在木质地
面上纹理清晰的梧桐落叶。
贾婷摄

图 1-1-3 突出立体感
图例：北京西城区展览路第
一小学的小学生吕曼彤和陈
乐宜的户外肖像。贾婷摄

图 1-1-4 构建空间感图例：深夜时刻，上海弄堂在强大的城市霓虹光照下映射出一位居民的影子。傅博摄

图 1-1-5 营造氛围感图例：2008 年 9 月 17 日，北京残奥会闭幕式演出在国家体育场举行。贾婷摄

第二节　摄影师如何描述和评价光

摄影师在明确光对于摄影创作的作用后，还需要通过操控相机、控制照明等技术手段，来达到自己想要追求的光线造型效果。本节我们学习摄影师描述光的一些基本概念和用光术语，主要介绍光源的种类、光线的性质、方向、角度和颜色。

一、光源的种类

按照光的来源，光源一般分为自然光源和人工光源两大类。自然光源是指自然界中存在的，能够自行发光且不需要外部能源激发的光源。这些光源通过自身的物理或化学反应产生光辐射，如太阳光、星光、闪电、极光等。自然光是由多种不同波长的光波混合而成的，其光谱范围广泛，包括可见光、红外线和紫外线等不可见光。自然光经常经过大气层的散射和折射，因此在不同的天气和地点会产生不同的光线效果。人工光源是由人类通过技术手段制造出来的能够发光的物体或设备。这些物体或设备通过物理或化学反应将电能或其他形式的能量转换为光能，从而发出光线。人工光源广泛应用于室内照明、舞台灯光、摄影灯光等领域，摄影师可以根据需要调节光线的亮度、颜色等参数。两者在实际应用中有各自的优势和特点。自然光源常常被用于户外拍摄、自然景观照明等场景，能够呈现出自然真实的效果。人工光源则不受天气等因素的影响，可以根据需要进行精确控制，既适用于室外，也适用于室内。

自然光源和人工光源各自具有不同的特性和适用领域。我们可以根据实际需求选择合适的光源来达到所需的光线效果。

二、光线的性质

光线的性质（简称"光质"）有硬光（直射形态）和软光（散射形态）之分。

硬光就是指强烈的直射光。我们把能发出直射光的光源称作

"硬质光源"，如太阳、小型热靴闪光灯、聚光灯等。硬质光源以几乎相同的角度照射被摄对象，它会产生有明显高亮反光和阴影的高对比度的硬质光源效果。判断硬质光源的依据，主要看被摄对象阴影部分的界限是否清晰锐利，硬质光源能产生边缘极其清晰的阴影。

软光是指在照明场景中，光线经过扩散或反射后，在被摄对象上产生柔和且没有明显阴影光效的光。与硬光相比，软光光源照射到被摄对象上的方向性不明显，呈现漫反射，有更均匀的光散布，不会产生明显的明暗变化。这种光源被称为"软质光源"，如阴天时的自然光线、柔光箱发出的光线等。在这种照明光源下进行创作，被摄主体的阴影边缘相对模糊，呈现出一种低对比度的软质光源效果。在拍摄人像或物品照片等情景中，使用软质光源能够减少人物皮肤或物品表面瑕疵的显露，提亮细节，并营造出理想的画面效果。

需要注意的是，无论硬质光源还是软质光源，其照明效果最大的区别在于阴影边缘的清晰程度，而不是阴影的浓淡。软质光源既可以形成比较淡的阴影，也可以形成比较浓重的阴影，这取决于被摄物体阴影区域的表面特性，以及周围物体是否将光反射进阴影里等因素。这时我们可以发现，光源的面积大小是影响光质的基本因素。一般来说，小型光源是硬质光源，大型光源通常是软质光源，但这并不绝对。在本章第四节"摄影中常用的光线定律与原理"中将详细讲解光源相对大小的原理。

三、光线的方向和角度

光线以不同的角度投射到被摄对象上，会使得被摄对象的表面产生不同的视觉效果。这种效果其实不仅仅取决于光源发出光线的投射方向，还取决于相机所处的观看、拍摄位置以及被摄对象朝向相机镜头的方向。这就带来了一个问题：如果以上三个变量中有一个改变了，我们就无法评价光线的方向。那这个问题对于摄影师来说该怎么解决呢？我们必须保证其中两个变量的方向不变，即在被摄对象正面朝向相机镜头的前提下，用光源位置、被摄对象以及与相机位置形成的夹角度数来描述光源投射光线的方向。如当光源位置、被摄对象和相机位置呈 0° 角的时候，光

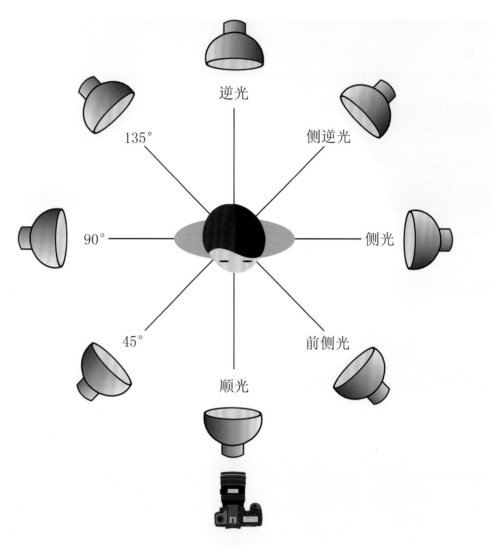

逆光

侧逆光

135°

侧光

90°

前侧光

45°

顺光

图 1-2-1 光线角度
变化的俯视图

源的方向完全和相机镜头方向重合,我们就称这一角度的光为"顺光"或"正面光"。注意:光源位置(简称"光位")一定是参照被摄对象方向而言的,一旦被摄对象的方向改变,光线对于被摄对象的方向也会改变。

光线的方向极大地影响着影像的最终效果。本书介绍的光线的方向不仅仅指光源相对于被摄对象和相机的位置,还包括光线如何照射到被摄对象上,以及由此产生的阴影和高光的效果。光线在水平维度可大致分为三种:顺光、侧光、逆光,侧光还可以进一步细分为前侧光、侧光、侧逆光。

图 1-2-2 0°顺光拍摄石膏像

图 1-2-3 0°顺光光位图

（一）顺光

光源位于被摄对象的正前方，且光线投射方向与相机的光轴一致，即呈 0°时，这个角度的光线称为"顺光"。

在顺光照明情况下，被摄对象正面被光线完全照明，画面中几乎没有阴影，画面整体比较明亮，画面效果主要由被摄对象自身明暗差异和固有色彩来表现。

顺光会用光线填充、冲淡物体表面的质感，画面细节的层次会被削弱，质感和立体感表现较弱。对于人像摄影来说这有利有弊，虽然顺光不利于人物立体感的表现，但通过适当增加曝光，可以有效地使人物脸部皮肤显得干净、光滑、细腻。

顺光照明比较均匀，摄影师使用柔光箱等柔光附件可以有效地制造出柔和的画面效果，并能很好地传达物体的固有色彩。

顺光照明在被摄对象朝向相机的表面几乎没有形成受光面、背光面和影子之间的变化，所以顺光照明不利于表现被摄对象的空间感，特别是户外拍摄风景时，画面中的景物会因没有丰富的影调变化显得平淡无奇。

图 1-2-4　45°前侧光拍摄石膏像　　　　　图 1-2-5　45°前侧光光位图

（二）前侧光

　　光源位于被摄对象侧前方，且光线投射方向与相机光轴方向呈 45°左右的光线称为"前侧光"。前侧光是摄影光线造型的一种主要造型光，也是塑造刻画人物的一种主要光型，受到摄影师的广泛青睐。

　　前侧光被摄影师誉为"最保险"的光线方向。因为被摄对象在前侧光照明下其朝向相机的表面会形成受光面和背光面，并且受光面的面积要大于背光面的面积，这就使得画面的整体造型效果趋于明亮。

　　同时，其一侧形成的小面积阴影，能更好地表现被摄对象的立体感和表面质感。

　　前侧光常用于拍摄人物肖像，与使用顺光相比，前侧光照明下的画面影调结构更丰富，有一定的明暗反差；与使用 90°侧光相比，前侧光照明下的影像从亮到暗的过渡更自然，影调更柔和。

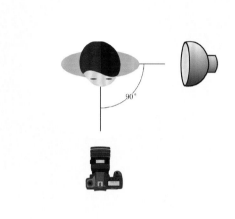

图 1-2-6　90°侧光拍摄石膏像　　　　　　图 1-2-7　90°侧光光位图

（三）侧光

光源位于被摄对象的侧面，且光线投射方向与相机光轴方向呈 90°的光线称为"侧光"。

侧光照明会在被摄对象朝向相机的表面产生非常明显、强烈的明暗亮度对比。此时被摄对象正对相机，离光源近的一侧被侧光照明，远离光源的一侧则几乎得不到照明，处于背光面黑暗的阴影中。侧光照明在被摄对象朝向相机的表面形成的阴影面积大于前侧光照明，会形成明显的受光面、背光面，从而产生强烈的明暗反差造型效果。因此它是摄影师极致运用、有表现力的一种造型光。

基于侧光独特的照明效果，摄影师可以根据被摄对象的外部特征，决定要突出、强调什么，要削弱、隐藏什么，可以有意识地将要强调的部分放在亮区，将需要弱化的部分放在阴影暗区，用明暗对照的控制方法，实现画面的"藏"与"露"。

侧光照明能很好地表现被摄对象的结构、立体感，对被摄对象表面质感有一定表现，尤为突出对纹理、表面肌理的表现。

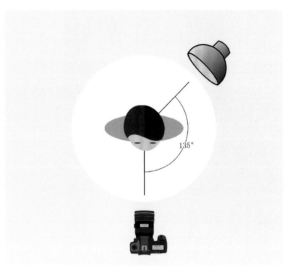

图 1-2-8 135°侧逆光拍摄石膏像　　　　图 1-2-9 135°侧逆光光位图

（四）侧逆光

光源位于被摄对象的侧后方，且光线投射方向与相机光轴方向呈 135°左右的光线称为"侧逆光"。

由于光源位于被摄对象的侧后方，侧逆光照明下被摄对象朝向相机侧的背光面较大，且背光面明显大于受光面，使得被摄对象呈现暗调。侧逆光是拍摄剪影、半剪影摄影作品较为理想的光线。

侧逆光一般作为轮廓光造型使用，表现被摄对象的轮廓特征。侧逆光作为轮廓光，能让被摄对象与其他物体或背景之间有界限感，使得被摄对象区别于另一物体或从背景中突出出来。要注意的是，将侧逆光作为轮廓光使用时，一般用于"暗对暗"的情况，比如身穿黑衣服、黑头发的模特需要在黑背景前拍摄的情况。

侧逆光只能照明被摄对象的一部分轮廓，与逆光塑造的接近全轮廓光在光线效果上有明显区别。

侧逆光照明下，由于被摄对象的大部分处于背光面的阴影中，所以不利于其表面质感、立体感的表现，如果要表现被摄对象的更多细节和层次，需要适当进行补充照明，但要注意侧逆光作为轮廓光使用时，亮度应略高于主光，才能起到突出被摄对象边缘的作用。

图 1-2-10 180°逆光拍摄石膏像

图 1-2-11 180°逆光光位图

（五）逆光

光源位于被摄对象的正后方，且光线投射方向与相机光轴方向呈 180°的光线称为"逆光"。

逆光从被摄对象的正后方投射过来，被摄对象遮挡住了绝大部分的光线，面向相机方向几乎没有受光面积，只能呈现其边缘轮廓光效果。大部分人有看日全食的体验，这时地球上的我们看到的太阳几乎全部被月亮遮挡，我们只能看见太阳给月亮镶上的金色光边。因此，在拍摄低调照片、白天拍黑夜效果、剪影效果中使用逆光照明能获得很好的视觉效果。

相比侧逆光的光效，恰到好处的逆光所勾勒的被摄对象轮廓会更加连贯、完整、富有美感。逆光是一种突显被摄对象的非常有表现力的光线。

逆光照明有助于表现被摄对象的立体感，在户外逆光能形成较强的空气透视，往往能制造丰富的画面影调和层次。逆光照明对被摄物的质感表现也有帮助，对一些粗糙的表面有比较强的表现。

以上是从水平维度来谈光线方向，在垂直维度上光线则主要分为顶光和底光。

图 1-2-12　顶光拍摄石膏像　　　　　　图 1-2-13　顶光光位图

（六）顶光

顶光是从被摄对象顶部近乎垂直照射下来的光线。

顶光照明由于光线几乎垂直照射到地面，单一使用时会使得景物亮度间距比较大，反差比较大，影调结构比较硬，犹如正午太阳直射光照射的光线效果。

用顶光拍摄人像时，由于顶光会在被摄对象的眼窝、鼻子下方和两腮处产生浓重的阴影，使得人物面部看起来不自然，甚至产生"鬼脸"效果。这种照明方式一般不用于拍摄日常的人物形象，但在戏剧、电影中经常被用于塑造一些特殊的人物形象。顶光是棚内人像拍摄必不可少的一种造型光，经常作为修饰光的一种——发光使用，它在摄影造型中起到刻画人物细节（尤其头发）的作用。

顶光照明往往由于拍摄对象朝向相机侧的受光面积比较小，不能对被摄对象整体有较好的立体感、质感表现。

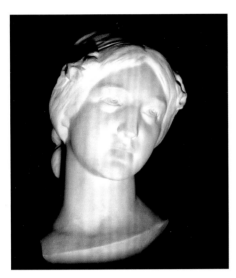

图 1-2-14　底光拍摄石膏像

底光

图 1-2-15　底光光位图

（七）底光

底光是从被摄对象下方近乎垂直向上照射的光线，也称为"脚光"。

底光照明由于光线自下而上垂直投射到被摄对象上，也会造成景物亮度间距比较大、反差比较大、影调结构硬。日常生活中的地灯就是安放在地面上，自下而上照明。

底光会使得人物脸部呈现下部亮、上部暗的怪异效果，看上去有恐怖感，所以底光照明几乎不用作日常人像拍摄。但一些制造惊悚形象的拍摄则会使用这种底光，以达到极其夸张的效果。

底光照明和顶光照明同理，由于被摄对象朝向相机侧的受光面积非常小，不能很好地表现被摄对象整体的立体感、质感。

需要注意的是，这里指出的顶光和底光是两种比较极致的造型光，在日常拍摄中极少使用，特别是底光，在自然光中没有这种光效，人工光的痕迹很重，会让人感觉不自然。但在大部分摄影创作中，略高于被摄对象的顶光和略低于被摄对象的底光都是摄影光线造型中经常使用的光线角度。比如：著名的人像摄影经典造型光"蝴蝶光"（详见第七章第三节），就融合了顶光和顺光的造型特点；著名的"蚌壳光"（详见第七章第三节）则融合了顶光、顺光、底光的效果。所以，在实际的摄影用光创作中，大多数情况下摄影师不会只使用一种角度的光线进行造型处理，而是在一种角度光线基础上灵活使用几种不同角度的光线来营造更生动、立体的视觉形象。

四、光线的颜色

我们身处一个五颜六色的物质世界，通过眼睛视网膜上的视锥细胞和视杆细胞这两种感光细胞感知彩色和黑白。其中视锥细胞又因为对长、中、短波三种光线分别敏感而有三种类型，分别对应红、绿、蓝三种颜色的感知。当光线进入眼睛时，这些细胞会对不同波长的光进行感受和解析，从而使我们能够感知到丰富的色彩。视杆细胞对于颜色的感知能力较弱，主要负责感知黑白和灰度，对光的亮度和强度变化更加敏感，因此在暗光环境下，我们更多是依赖视杆细胞来感知周围的景物。简言之，我们需要光来看到这个斑斓世界，这也是光、色不分家的道理。而且人眼只能看到有限波段的光，也就是"可见光波"。可见光波是一种电磁波，其波长范围大约在390—780纳米之间，是人眼能够感知的，又被称为"彩色光"。在这个波长范围内，不同波长的光引起人眼的颜色感觉不同。具体来说，波长较短的对应紫色、蓝色，波长较长的对应红色。在中间的波长范围内，对应的颜色有绿色、黄色、橙色等。不同的物体表面会发射或反射不同波长和强度的光，这些光进入我们的眼睛，被我们的视觉系统处理，从而让我们能够感知到各种颜色。

除了可见光波，电磁波谱还包括其他波长范围的光波，叫作"不可见光波"，比如射线、紫外线、红外线、微波等。尽管我们无法用视觉直接感知这些光波，但随着科学技术的发展，我们能够通过特殊的仪器看到或感知它们。

那么，数码相机是怎么捕捉颜色的呢？数码相机的 CCD 或 CMOS 图像传感器利用类似人眼感知色彩的原理来捕捉色彩。图像传感器上的每个感光单元或者像素单元通常由 4 个（2 个绿色滤镜、1 个红色滤镜和 1 个蓝色滤镜）光电二极管构成。这种布局是为了模拟人眼对色彩的感知方式。事实上，人眼对绿色的感知更为敏感，因此在感光单元中设置更多的感绿光的滤镜可以更准确地捕捉到场景中绿色的细节和变化。当光线通过滤镜进入感光单元时，每个像素会感知对应颜色的光线，并将其转换为电信号。这些电信号经过处理后，就能够形成我们最终看到的彩色图像。通过这种方式，数码相机能够模拟人眼的色彩感知能力，将场景中的各种颜色准确地记录下来，并呈现给我们。

需要注意的是，尽管数码相机模拟了人眼的视觉感知原理，但事实上相机认为的颜色和人类大脑认为的颜色往往是不完全相同的。在光的三原色理论中，我们通常将红色、绿色和蓝色定义为三原色，它们可以通过各种组合形成其他颜色。以白色为例，前文提到三种视锥细胞分别对红、绿、蓝光最为敏感，当红、绿、蓝三原色以适当的比例刺激这些细胞时，人的大脑会将其解释为白光。一位身穿白色衣服的模特，无论她站在阴影下还是夕阳下，人眼都会认为她的衣服是白色的，就是这个原因。但数码相机是相对客观地记录拍摄现场信息，同样是一位穿白色衣服的模特经数码相机拍摄后，摄影师会发现在阴影处拍摄的白色衣服呈偏蓝色，而在夕阳下拍摄的白色衣服则偏橙色。

为了校正相机拍摄和人眼视觉感受在颜色表现上的差异，物理学中引入了"色温"的概念。色温简单理解就是在真空条件下对一个绝对黑体进行加热，随着温度升高，绝对黑体会发出不同光线色彩的物理现象。这种颜色和温度的相关关系 19 世纪时由苏格兰科学家开尔文（Lord Kelvin）发现，故物理界将色温的计量单位设定为开尔文（Kelvin），简写 K。通过了解光的色温，摄影师可以调整相机的白平衡设置，以确保拍摄出的照片色彩与人眼所见的色彩尽可能一致。

人们发现低色温光源，如 2000K 色温的光线会呈现出红黄色系的暖色调效果，而色温 8000K 左右的光线通常会呈现青蓝色的冷色调效果。正午日光下的色温一般在 5500K 左右（被称为"日光色温"），还原白色最准确。其实闪光灯也是基于这个色温值来设计制造的，因为这个色温下还原颜色是最准确的。多年前，在胶片时代人们会使用日光片和灯光片来进行色彩校正，也会在镜头前加滤色片来平衡色温。如想校正过暖的钨丝灯下的橙红色，可以在镜头前加蓝色滤色片，能起到减弱橙红色光的平衡效果。

进入数码时代，数码相机中的"白平衡"功能是摄影中常用的一种色彩校正工具。通过设置白平衡，摄影师可以调整照片中的色温，使其更符合人眼的视觉感受。

以上我们只谈到了控制色彩的一方面，就是尽量如实地再现真实世界的色彩，但摄影之所以成为一门艺术，除了再现还有表现的功能。摄影师有时要用白平衡、滤色片、后期色彩处理软件等方式校正相机拍到的色彩，有时却要使用白平衡、滤色片、后期色彩处理软件来夸张强化色彩。比如拍摄人物，如果觉得中间调的照片效果过于单调，可以在照射人物的轮廓光前加上橙红色滤色片，这样可以使人物造型在颜色方面更吸引人。

第三节　被摄对象表面的光线特性

我们运用光线拍摄时会发现，不仅光源的种类，还有光线的性质、方向、角度、颜色直接影响拍摄效果，被摄对象的表面性质也会影响用光的效果，对用光效果有着显著影响。光照射到被摄对象表面时，会产生透射、吸收和反射三种反应，这些反应的具体表现取决于被摄对象表面的性质。折射、衍射、干涉等光线特性比较复杂，此处不予赘述。

一、透射

当光入射到透明或半透明材料表面时，光线一部分被反射，一部分被吸收，还有一部分能够穿透材料继续传播，这种现象称为光的透射。可见光具有透射的特性，一些透明的介质如玻璃、干净的空气是我们常见的能充分透射光线的介质。

关于透射我们经常在拍摄中使用到两个知识点：一是选择性透射。如果透明的被摄对象有颜色，当光线通过被摄对象，光就成为带有物体颜色的色光。摄影师经常会在灯光前加颜色滤镜或滤纸、滤色片，就是利用了这一点来增强画面的色彩感。二是当光线通过有色泽的透明介质，光线的强度会减弱。所以，摄影师要酌情考虑增减灯光设备的功率，避免导致曝光不足的问题。

二、吸收

物质对光的选择性吸收是指物质在吸收光时，会选择性地吸收某些特定波长的光，而对其他波长的光则较少吸收或不吸收。这种现象是基于物质的性质、形态以及所处的环境而产生的。当白光照射到物质上时，物质对于不同波长光的吸收、透射、反射、折射程度不同，这些不同的反应导致了我们观察到的物质颜色不同。

三、反射

光的反射是光学中的一个基本现象，它描述了光线从一个介

图 1-3-1　直接反射（镜面反射）效果。贾婷摄

图 1-3-2　直接反射（镜面反射）效果。贾婷摄

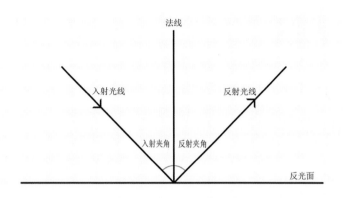

图1-3-3 光的反射
定律示意图

质（如空气）射入到另一个介质（如物体的表面）时，部分或全部
光线会返回到原介质中的过程。正是由于光的反射，我们才能够
看到不发光的物体，这些物体通过反射周围环境中的光线进入我
们的眼睛，使我们能够感知它们的存在和形状。

日常生活中，光线在物体表面会有三种不同的反射类型：直
接反射、漫反射和偏振反射。

（一）直接反射

直接反射，也称"镜面反射"，是光学现象中的一种重要类型。
它发生在光线从一个介质（如空气）射向另一个具有光滑表面的
介质（如镜子、平静的水面或抛光的金属表面）时。在这种反射中，
光线遵循特定的反射定律，即反射光线、入射光线和法线都处于
同一平面内，反射光线与入射光线分别位于法线的两侧，且反射
角和入射角相等。这里的"入射角"是指入射光线与法线之间的
夹角，而"反射角"是指反射光线与法线之间的夹角。法线是一
个垂直于反射表面的虚构直线，在反射点处与表面相交。当光线
以某个角度照射到光滑表面时，它会以与入射角相同的角度反射
出去，也就是"入射角 = 反射角"。

在拍摄过程中，直接反射常发生于具有光滑表面的物体上。
这些物体能够将光线以相同的角度反射回原来的介质，形成可以
辨认的映像。一些常见的会产生直接反射的物体表面有抛光的金
属表面、玻璃表面，以及平静的水面等。

（二）漫反射

第二类是漫反射。当光线从一个粗糙的表面反射时，它会在各个方向上反射，而不是像镜面反射那样沿着一个特定的方向反射。这种反射产生的是柔和、均匀的光照效果，即为漫反射。产生漫反射的物体表面一般比较粗糙，可以是有颗粒感的白纸、木头、棉花、塑料泡沫板等。光线照射到这些材质表面会产生各个方向的反射，因而此时无论改变光源的照射角度还是相机的拍摄角度，都不会改变照片中被摄对象的亮度。在灯光的使用中，当在裸灯前加柔光箱或透光伞，漫射光线透过柔光布层层透射、散射，变成漫透射光源。这就好比阴天时，阳光透过厚厚的云层向各个方向反射，地面景物被漫反射光线照明，此时被云层包裹的太阳就是一个漫透射光源。

还有一种介于漫反射和直接反射这两者之间的不完全漫反射，称为"方向反射"，其表现为各向都有反射，且各向反射强度不均，一般在光源的反射角上反光最为强烈，亮度最高，例如在丝绸、漆器表面易产生。

要谨记光线照射到任何物体表面上都会发生反射现象，光的反射类型取决于物体表面的特性，进而决定了我们拍摄的影像中物体颜色和形状的清晰程度。

（三）偏振反射

严格意义上而言，偏振反射的分类标准与直接反射和漫反射更多依赖于被摄物体表面不同，产生偏振反射主要是因为光波自身。偏振反射是光在特定表面反射时发生的一种现象，与光的偏振状态有关。偏振是指光波的电场矢量在特定方向上振动，而在与该方向垂直的方向上则没有振动。当光线从一个介质（如空气）射入到另一个介质（如水面、玻璃表面、某些塑料或金属表面）并在这些表面上反射时，反射光可能会表现出偏振特性。

偏振反射也叫"带偏振的反射"，它和直接反射类似，但明显的区别是，偏振反射形成的影像亮度比直接反射形成的影像亮度低很多。偏振反射会在大多数拍摄对象上显现，往往在黑色物体和透明物体上格外明显，这时影像会出现眩光现象，摄影师一般会采用偏振镜来消除偏振反射。

第四节　摄影中常用的光线定律与原理

在学习摄影用光的过程中，掌握光的一些物理特性和基本定律是关键，物理学家发现的这些真理是指导摄影师实践拍摄的规律性常识。

一、光的反射定律

在上一节谈论被摄对象表面的光线特性中，已经涉及光的反射定律，即反射光线与入射光线、法线处在同一平面内，反射光线与入射光线分别位于法线的两侧，反射角等于入射角。摄影师可以利用反射定律来控制画面的曝光和明暗对比，例如通过调整反光板的角度来改变反射光线的方向和强度。

二、照度平方反比定律

光照强度，简称"照度"，是指照射或反射到某个表面上的光照强度，也可以理解为单位面积上接收到的可见光的光通量（单位流明，Lumen，法定符号为 lm）。照度的单位是勒克斯 (lux)，表示每平方米接收到的光通量，即 1 勒克斯（lux）=1 流明（lm）/ 平方米（m^2）。

照度平方反比定律又称"照度第一定律"，它是一个关于光源照度与被照射物体之间距离关系的定律：在点光源的垂直照射下，被照射物体表面接收的照度与光源的发光强度成正比，与光源至被照射物体表面的距离的平方成反比。其公式为：$E = I / (D^2)$。其中，E 表示照度，I 表示光源的发光强度，D 表示光源与被照射物体表面的距离。也就是说，被照射物体表面接收的照度的大小跟光源的发光强度有直接关系，光源发光强度（功率）越高，照度就越大。但是在光源的发光强度不变的前提下，光源与被照射物体表面距离越远，由于光的能量在空间中的传播范围增大，物体表面单位面积上接收到的光通量减少，照度也会相应变小。照度平方反比定律是棚内用影室灯拍摄最重要的一个物理定律。

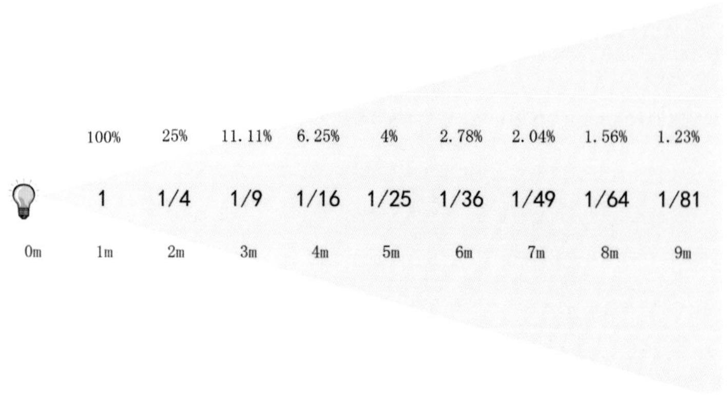

图 1-4-1　照度平方
反比定律示意图

| 100% | 25% | 11.11% | 6.25% | 4% | 2.78% | 2.04% | 1.56% | 1.23% |

| 1 | 1/4 | 1/9 | 1/16 | 1/25 | 1/36 | 1/49 | 1/64 | 1/81 |

| 0m | 1m | 2m | 3m | 4m | 5m | 6m | 7m | 8m | 9m |

多数的人工光源是点光源，点光源受到光的照度第一定律的影响。在光源的发光强度一定的情况下，距离光源近的地方照射范围小，所以单位面积所接受的光通量比较多；而随着光源与被摄对象距离的拉大，光源照射范围也随之扩大，物体表面单位面积上所接受的光通量就减少了。

根据上图我们可以看出，随着光源与被摄对象距离的拉大，被摄对象表面接受的光线照度也会逐渐降低。当光源距离被摄对象 1 米时，被摄对象几乎能接收 100% 的照射强度，而当光源距离被摄对象 2 米时，被摄对象只能接收到 25% 的照射强度，当距离为 9 米时，被摄对象只能接收到 1.23% 的照射强度。从上述变化摄影师可以得到很多启示，当希望被摄对象得到充足的照明时，应该尽量将照明灯具放置在距离被摄对象 1 米以内的位置，以便使被摄对象能得到充足照明；而不希望光线照度太强的情况，可以通过拉大光源与被摄对象的距离，来控制光线照射到被摄对象的强度。

需要注意的是，这个定律通常适用于点光源或可以近似为点光源的情况。对于大型光源，如面光源或线光源，其照度分布可能会更加复杂，需要考虑光源的大小和形状对被摄对象表面接收光线照度分布的影响。此外，在实际应用中，还需要考虑其他因素，如光线的吸收、反射和散射等。

三、光源的相对大小原理

光源的相对大小原理是指，在摄影或视觉感知中，光源的大小并不是绝对的，而是相对于被照射物体和场景而言的。换句话说，一个光源被认为是"大"还是"小"，取决于它与被照射物体的相对大小关系以及距离远近。如用一盏台灯作为光源拍摄一个小型昆虫，这个光源可能不仅能照明昆虫，还能覆盖拍摄环境，对于昆虫来说它已经足够大了；但是如果拍摄对象是一辆汽车，这盏台灯可能连车的局部都无法覆盖，更别说整个车身了，它的照明范围犹如螳臂当车不值一提。由此可见，光源的大小必须根据被摄对象的大小来加以衡量。

　　除了光源本身的大小，光源与被摄对象的距离也是影响光源大小的一个重要因素。我们可以做一个实验，摄影师本人可以作为被摄对象，把一只 90cm×120cm 的柔光箱放在距离被摄对象 1 米和 5 米位置，从摄影师的视角，就可以直观地感觉到距离在 1 米时，柔光箱的面积非常大，完全能覆盖住人的大半个身子；将柔光箱移动至 5 米以外，摄影师会感觉其面积在变小，似乎只有台灯光源面积的大小。对于被摄对象来说，柔光箱在近距离是一个面光源，而随着距离的拉大它可以说变成了一个点光源。综上，我们可以通过了解光源的相对大小原理，来控制光线造型的效果。

拍摄练习：

1．顺光人像一张；

2．45°前侧光人像一张；

3．135°侧逆光人像一张；

4．逆光剪影人像一张；

5．顶光光效人像一张；

6．底光光效人像一张。

第二章 外景自然光光线处理

自然光是大自然馈赠给摄影师的礼物，是不可多得的能制造出丰富造型的高质量光源。但受到大自然运动规律导致天气变化的约束，它又非常多变，难以被人掌控。所以，要求摄影师洞悉自然光的运动规律，使用相应的光线处理手段，才能运用好自然光进行摄影创作。在摄影创作中，中外摄影师的大部分作品是利用室外自然光拍摄而成的。特别是从事纪实摄影、新闻摄影、风光摄影的摄影师，学会利用自然光，并用摄影技术来控光，从而达到自己想表现的画面意图，需要在实践拍摄中长期训练，培养对光的观察力、控制力和捕捉能力。本章从自然光的基本特征及其视觉感受、外景自然光的处理以及自然光特殊光效的处理三个方面结合中外摄影师的用光案例，来向摄影学习者诠释用好外景自然光的要领和重要性。

第一节　自然光的基本特征及其视觉感受

我们首先要认识什么是自然光。所谓"自然光"泛指以日光、天空光、月光等天然光源为照明的非人工光。摄影师在绝大多数情况下，是在户外自然光的照明环境下进行摄影创作，所以把握自然光的用光规律对摄影师格外重要。本节主要介绍自然光的形态或种类、自然光的不稳定性以及自然光给人的视觉感受。

一、常见的自然光源

常见的自然光源大致分为三种：一种是自发光体且持续发光的对象，如恒星（太阳）、极光等。所有恒星都在进行核聚变而发光，对地球影响最大的自然界光源就是太阳。第二种是非自发光体且瞬间发光的对象，如闪电。第三种是非自发光体但透射或反射太阳光的对象，如天空光、月光等。

二、自然光的照明特点

自然光的光谱连续且平缓、均匀度非常好、显色指数高，这种连续且平缓的光谱使得自然光下的物体颜色表现更为真实、自然。但它也有多变、不稳定的特点。户外自然光的变化规律受宇宙运动影响，是地球自转和公转运动的结果，也是自然天体、气象运动的结果，所以户外利用自然光拍摄受到"天时"的影响非常大，自然光的多变、不稳定性会给摄影师户外拍摄造成一定难度。

其中户外自然光的多变、不稳定表现在以下几方面：

（一）光线照明性质的不稳定性

天气不由人的意志控制，气象的不稳定性会造成自然光照明性质的不稳定性，进而对光的色温、物体表面质感、色泽等方面产生影响。如摄影师准备拍摄时是阴天散射光照明，忽然云开雾散，太阳从云层中露了出来，此时自然光效瞬间变为晴天直射光照明。所以摄影师在户外拍摄要时刻做好应对的准备。

（二）光的照度变化大

自然光的照度在一天中是不断变化的，虽然在中午前后的一段时间会进入相对稳定期，但当太阳光进入平射期（日出、日落前后），光线的角度、照度变化非常大，摄影师要随时调整曝光，确保被摄对象曝光正常。在拍摄中，要抓紧时间提高拍摄效率，同时要带好补光的设备，当光线照度低时，应考虑适时地为被摄主体进行补光；当光线照度过高时，可以考虑使用中密度减光镜降低整体曝光量，再用灯光设备为被摄主体补光，来得到曝光合适的画面效果。

以上两点使得被摄对象的光线造型效果变化大。

被摄对象的光线造型效果主要体现在自然光的投射方向、光的性质以及景物自身的表面材质三个方面。光线用好了可以美化形象，用不好则会丑化形象。如利用早晚的低角度光线拍摄人像照片，可以用太阳光给人物增添暖调轮廓光，提升人物光线造型的魅力。摄影师要善于观察利用一天当中的不同时刻、不同角度的光线，根据被摄对象的造型特点进行生动的摄影实践。

三、自然光形成的视觉感受

自然光虽然多变不稳定，但摄影师还是特别钟爱在自然光照射下拍摄，因为自然光会带来简洁、统一而真切不做作的视觉感受。另外，它还是免费的高质量光源。

（一）简洁

简洁，是因为整个地球表面是在太阳光和天空光所组成的自然光照明之下。在无云层遮挡的直射光照明下，太阳只会产生一个投影，它的投射方向十分明确，不可能形成多个杂乱的影子，因此在自然光直射光照明下，被摄对象会在画面中形成简洁的视觉效果。室外混合照明情况下，摄影师要特别注意灯的位置，要尽量将其放置在太阳照明的同一侧，来模拟太阳光直射光只产生一个影子的照明效果。这样的画面光线造型效果会使观者觉得这和生活中的自然光照明效果基本一致，是可信的。

图 2-1-1 《土耳其女孩》贾婷摄

（二）统一

统一，是指被摄对象无论是人物还是景物，太阳光垂直照射地面，光线平行投射在它们身上的照度是一致的。这是由于太阳与地球之间的距离可看作是无限远，与之相比相机与被摄对象之间的距离变化微乎其微，所以当太阳光投射到地面时，大气介质被忽略，被摄对象表面接收的太阳光照度不随距离的变化而变化。这个结论对测量照度很重要：在室外自然光下拍摄时，在相机机位测量的照度和在被摄对象处测量照度的结果都是一样的；而在室内拍摄时，无论自然光照明还是人工照明，被摄主体所在位置的照度和其他位置的照度很可能不一样，所以室内拍摄要测量拍摄重点位置的照度，如拍摄室内人像要以人脸照度为基准，否则测量结果就没有意义。

第二节　外景自然光的处理

　　"所谓光线处理，就是摄影师根据作品主题思想（或内容）的要求，运用光线的表现手段塑造人物形象或景物形象，使之达到作品内容所要求的艺术效果，即要完成造型任务和表现戏剧气氛等表象和表意的任务。"[1]本节将围绕摄影师如何处理户外自然光展开讲解，包括光的照射角度对拍摄的影响、照度和色温对拍摄的影响，以及如何利用户外自然光（主要是直射光和散射光）进行创作，其中将结合中国摄影史上的经典案例进行分析。

一、掌握光的照射角度变化

　　由于地球的自转运动影响，太阳光的照射角度在一天当中不断变化，由低（日出）到最高（正午）又到低（日落）。随着阳光照射角度的变化，被摄对象呈现的光线效果也随之变化，摄影师需要针对性做出相应的改变。这些变化与外景摄影创作密切相关。这个变化主要体现在：改变天空和地面的亮度关系；改变景物的明暗反差；改变景物水平面和垂直面的亮度；改变景物的色调和影调。

二、掌握光的照度和色温的变化

　　大气的厚度对太阳光的照度和色温有一定影响。按照入射角度和时间我们把太阳光投射到地球表面的情况分为三个时期：平射期（日出和日落前后）、斜射期（上下午）和顶射期（午时左右）。

　　在平射期，太阳光通过大气层的旅程较长，阳光被散射和遮挡比较多，所以地面景物接收的太阳光照度就比较小，此时的阳光色温偏低，被照明的景物会呈现橙黄色的暖调效果，反差小，

1.王伟国著：《光的造型》，沈阳：辽宁美术出版社，1995年7月版，第212页。

影调和色调都会显得柔和。

斜射期的太阳光色温趋于正常，呈现白光，能比较好地表现被摄景物的固有色，此时在人眼看来被摄景物明暗反差适中，能很好地表现其影调和色调。

顶射期，太阳光透过大气层的距离要比斜射期小得多，所以照度高，此时太阳光中各种波长的光都比较均衡，所以阳光也会呈现白光，色温会略高于5400K，这一时期拍摄的景物的影调反差大，调子也很硬。

由此可见，由于照射角度的变化，太阳光照射到地面景物的照度和色温也会随之变化，能形成多种多样的光线效果，因此，摄影师要善于掌握太阳光照度和色温的变化规律，利用好太阳光这个自然光源进行摄影造型。

三、充分应用自然光效

（一）太阳直射光的处理

摄影师户外拍摄需要经常与太阳光打交道，一般会遇到两种情况，其中一种就是大晴天无云层遮挡。此时我们会感觉太阳光线直接穿过大气层，几乎平行照射到地面。在这种情况下拍摄人物或景物，画面内的被摄主体会形成边缘清晰锐利的阴影。太阳作为发光体虽然面积很大，但由于距离地球非常遥远，站在地球的视角看上去它就像一个小圆球，光线效果相当于人工光中点光源的硬质光线效果。这种光线形成的画面效果，主要表现为画面内景物的明暗反差大、立体感强，但这也给摄影师进行曝光增加了难度，要注意高光的溢出和暗部无细节问题。此时摄影师要根据画面内被摄主体的位置，考虑是以亮部为曝光基准，还是以暗部为曝光基准，来保证画面的重要部分是有层次和细节的。在这种情况下拍摄时，摄影师可以通过观察相机内的直方图，直观准确地看出亮部和暗部的情况并加以适当调整，来保证画面能展现更多的细节。当然，也有摄影师反其道而行之，借助这种光线形成的大反差效果，有意将干扰画面效果的元素放置在画面的阴影部分，用光线突出需要强调的部分，使得画面简洁有力。

图 2-2-1 《钻石球场》崔峻摄

图 2-2-2 《祥云下的故宫》贾婷摄

图 2-2-3 《白求恩大夫》吴印咸摄

　　我国著名摄影家、教育家，曾任北京电影学院副院长兼摄影系主任的吴印咸于 1939 年在河北涞源县黄土岭孙家庄村外拍摄的《白求恩大夫》这张照片就是利用了太阳直射光明暗反差大的特点。这幅作品生动有力地刻画了白求恩大夫面对敌人的炮火，专心致志抢救八路军伤员的英雄形象。

　　1939 年 10 月下旬，日本侵略者调集 2 万兵力，配以飞机、大炮、装甲部队，向晋察冀边区发动冬季"扫荡"，本已决定启程回加拿大的白求恩大夫毅然决定留下来参战。10 月 24 日，时任延安电影团的摄影师吴印咸随医疗队来到河北省涞源县黄土岭前线。当时吴印咸的主要任务是拍摄纪录片。

　　当天，白求恩大夫将临时手术室设置在了离火线仅 4—5 里地的黄土岭孙家庄村外的小庙里。从前线运送下来的伤员躺在担架上已经在小庙外排成了长队。身着粗布衣衫、脚穿草鞋的白求恩大夫弯着腰，聚精会神地为一位又一位身负重伤的八路军战士做手术。吴印咸被眼前的景象深深触动，拿起相机定格下了这"永恒"的一刻。这张照片由于具有极高的史料价值成为中国摄影史上的经典之作。正如吴印咸本人所说："摄影离不开时代，光影必须跟着时代走。"吴印咸有意识地用摄影这个媒介，使用现实主义的创作手法，记录下了中国人民在艰苦卓绝的条件下奋起反击日本帝国主义侵略者的决心和行动，同时也用镜头留下了白求恩大夫支持中国革命事业的珍贵影像，展现了他伟大的国际人道主义精神。

作为摄影师，吴印咸是如何用视觉造型来突显人物精神的呢？当然在拍摄时，他会考虑拍摄环境、构图、影调、景别、瞬间等因素，但这张照片最有难度的应该是对光线的巧妙运用。在那个战火纷飞的年代，摄影机、相机和胶片都算是奢侈品，根本没有帮助拍摄的人工照明条件，但吴印咸还是凭借对现场光线的巧妙利用拍摄出了这幅表现力极强的佳作。吴印咸抓住了当时的光线特点，利用太阳直射光正好照射到白求恩大夫身上的时段，以他所在的亮区作为曝光基准进行曝光，从而让画面处于暗部区域的影调暗下来，使得未被太阳直射光充分照明的伤员和其他医护人员在画面中被弱化。吴印咸利用现场太阳直射光的造型特点和精准的曝光控制，既有效地突出了白求恩大夫救死扶伤的专注形象，又巧妙地避免了过于血腥的画面对观者感官的刺激。从吴印咸拍摄这张照片的经历中，我们要学会打破一些用光的偏见——太阳直射光的硬光效果常被认为不适合拍摄人像和环境肖像，但这张照片告诉我们，这种光线效果也有其独特的魅力，用好了也会起到事半功倍的效果。

很不幸，白求恩大夫正是在这次紧张的手术中划破了手指，但他仍继续工作以致伤口感染得了致命的败血症，最终由于没有足量的抗菌药物救治，在这张照片拍摄后不久的1939年11月12日在河北省唐县黄石口村以身殉职，为中国的抗战献出了宝贵的生命。后来吴印咸拍摄的白求恩大夫的相关珍贵资料影片于1962年由中央新闻纪录电影制片厂编辑成纪录片《纪念白求恩》，在国内外发行放映。吴印咸一直把这张照片挂在家中的客厅里，他曾语重心长地说："别人的座右铭是一句诗或几句话，而我则把这幅照片作为我的座右铭。"他时时用白

图 2-2-4 《阴天的池塘》贾婷摄

求恩的精神激励自己更好地完成党和人民赋予的光荣使命。

（二）阴天散射光的处理

外景散射光是自然光的另一种形态和情况，即以天空散射光的形式进行照明，如阴天、多云等天气下的太阳光均属于散射光照明。

阴天本身十分丰富，既有黑云压顶的阴天，也有薄云遮日的"假阴天"，但它们的共同特点都是散射光的照明形态。薄云遮日的"假阴天"，对摄影师来说是一种比较理想的光线效果。光线透过薄云散射下来特别柔和，被摄景物明暗反差小，并具有丰富的影调层次。"假阴天"情况下天空呈白色且亮度非常高，这种天气特别适合拍摄一些需要呈现丰富影调和细节的风光或人像题材照片。

阴天光线造型处理的主要方法包括：

第一，利用天空亮度非常高且呈白色的特点，在曝光过度的情况下，以天空为背景使其呈现比较明亮的白色，而地面景物无明显阴影。这时特别适合拍摄高调效果的影像，影调柔美、淡雅。

第二，避开天空，以减小被摄景物的明暗反差，从而使画面得到理想的影调层次。

图 2-2-5 《玉渊潭
冬景》贾婷摄

图 2-2-6 《郁金香
花田里的孩子》贾婷摄

　　第三，利用前景遮挡过亮的天空，以减少过亮的天空面积，
使得景物影调、色调得到良好的表达。需要注意的是，因为天空
散射光对所有景物都均匀照明，景物的轮廓形态、外形特征等主
要依靠被摄对象的明暗差异来表现。

　　换言之，阴天光线造型有如下注意事项：

　　一是天空亮度和地面景物的亮度间距（也称"亮度范围"，
是指景物的最高亮度与最低亮度的差距）很大，所以阴天情况下

图 2-2-7 《热闹的
运动场》郝羿摄

拍摄要解决好天空亮度的问题。解决天空亮度最常用的方法，第一就是构图时画面不带天空或尽量减少天空面积，以减少画面过多的白色调；第二就是构图时利用较暗的影调、色调的前景遮挡一部分天空，减少画面中天空的面积，使得画面中主要的景物亮度间距比较接近。

二是景物缺乏受光面和背光面明显的明暗差异，因此阴天的光线处理要选择自身有亮度差异的景物以区分这一景物与那一景物的轮廓形态、空间关系。换言之，就是要选择景物以及安排它们之间的对比和差异来进行造型处理。

以图 2-2-7《热闹的运动场》为例，作者利用天空的高亮度，以剪影或半剪影的风格处理，突出了被摄对象的外形特征。此外，彩色摄影可利用色调的对比来进行造型。

第三节　自然光特殊光效的处理

一、日出、日暮时的光线处理

（一）日出、日暮时的光线特点

要拍摄好日出、日暮时的外景照片，必须了解并掌握这些特殊光效的气象特点和气氛特征。

1. 有晨雾现象

早晨，地面的水分子较多还没蒸发而形成雾。特别是在秋、冬季节，雾常常是早晨的一个重要特征。

2. 日出朝霞、日暮晚霞

地球的自转运动导致我们观察到太阳每天升起又落下。在晴朗的日子里，清晨一轮红日冉冉升起，还会伴随着满天朝霞，

图 2-3-1 《乌兰巴托的早晨》贾婷摄

图 2-3-2《东方红》
袁毅平摄

日暮时分时常还会出现红彤彤的晚霞。这些特殊时刻会营造出极好的光线效果，往往地面会被染成一层金黄色，此时相对于地面而言太阳的角度较低，地面接收的太阳光照度比较低，地面和天空的色彩饱和度提升，定向的光线产生影子，使得画面中被摄对象的形状和纹理得到充分显现。所以日出或日暮前后的一小时常被摄影师称为摄影的"黄金时间"。我国著名摄影师袁毅平拍摄的《东方红》，就是把握住了日出时分太阳即将跃出地平线、朝霞满天的时刻，拍摄下的一幅北京天安门的佳作。

袁毅平自述拍摄过程时说：

我知道，尽管这幅未来作品的艺术形象已经历历如绘地在我的眼前浮现，但如果不借助瑰丽的漫天彩霞来烘托、渲染，只是拍摄一个太阳空荡荡地在天安门东方升起，也许也可以命题为《东方红》，但那只能是一种概念化的图解，毫无感染力可言，连我自己都不能感动，怎能去叩动别人的心弦？所以我一边摸索气象的大体规律，一边就耐心等待理想的彩霞出现，稍有兆头，我就赶到天安门，但往往高兴而去，扫兴而归。第一年是观察和试拍阶段，第二年又没有等到理想的彩霞，到第三年的八月下旬，终于感动了"上天"。一天清晨，看到东方彩霞云集，我立即骑车赶到天安门，只见一簇簇勾着金边的彩霞徐徐上升，一时间布满了大半个天空。不一会儿，偌大一个红彤彤的太阳，在东方灿烂的霞丛里冉冉升起，好一幅气势磅礴的瑰丽画卷！我弄不清自己是在神话般的幻境中还是现实生活里，好不容易控制住激动的感情，制止住颤抖的手指，连连按下了快门。真是天公作美，圆了我拍好《东方红》的美梦。[2]

3. 形成图案化的影子

日出、日暮的太阳光处于平射期，相对于地平线处于很低的位置，可以产生强烈的图案化的影子，可以形成景物和影子相映成趣的特殊效果。

图 2-3-3 《阿尔山的雪后》贾婷摄

2. 袁毅平：《半世影缘东方红》，载《光明日报》2014 年 06 月 15 日 11 版。

图 2-3-4 《傍晚的海滩》贾婷摄

（二）日出、日暮时光线的处理方法

1. 把握时机

日出时太阳既是光源，又是被摄对象，随着地球自转运动，太阳不断地上升、变亮，它投射到地面的光线的照度不断提高，最后亮得不能成为被摄对象。另外，太阳光的光谱成分也在不断变化，随着太阳升高和大气对阳光的吸收变化，光谱中的长波光比例减少，而短波光比例增加以至于逐渐成为白光。摄影师要熟知太阳光的这种变化，及时抓拍到最精彩的景象。注意，地球公转、海拔高度、地形特点等也会影响地球表面接收的太阳辐射变化。

2. 表现剪影

侧光、侧逆光是表现剪影、半剪影效果的理想光线，因为这两种光线从被摄对象的后方、侧后方投射过来，使得主体边缘形态在画面中比较醒目。另外，剪影又是画面构成中有力的造型方法。逆光、侧逆光拍摄时，由于天空与地面的亮度间距大，以丰富的天空为曝光基准，对人物做剪影处理，往往能很好地表现早晨、傍晚特殊时刻的迷人气氛。

日出、日暮时刻，太阳光的照射角度较低，穿过大气层的路径变得更长。在这个过程中，波长较长的光（如红光和橙光）更容易穿透大气层到达我们的眼睛。此时，被照明景物常常看上去

图 2-3-5 《雾秋》贾婷摄

像罩上了一层橙黄色的光晕，富有特殊的美感，适合拍摄一些暖调风景和人像。

二、雾霭天气的光线处理

雾是一种特殊的天气现象，它是由大量的悬浮水分子或冰晶组成的。在很多地方很多时候，雾霭并不仅仅发生在清晨。

（一）雾霭天气的主要光线特征

雾是构成大气透视的重要因素，所以雾中景物的清晰感、明暗反差、色彩特征和立体感基本符合大气透视的规律。雾霭天气中拍摄的画面整体呈现白色，近处景物的外形、明暗、色彩都会比远处景物更加清晰，形成一种藏与露的画面关系，特别符合东方审美。

在有雾的状况下，太阳光通过雾层后，色温会略偏高，所以除了日出时刻，我们会发现远处的景色呈现淡淡的蓝色。

（二）雾霭天气的光线处理方法

1. 增强画面的透视关系

雾天室外拍摄的画面中的景物，尤其是远处的景物影调会变浅，画面的透视感会变弱，如果要突显极强的透视关系，可以在构图方面做文章。比如在画面中纳入一些带有暗色调的景物，这样画面影调结构中就有了轻与重的关系，这是烘托雾天气氛的一种有效办法。

2. 等待、抓取合适的光线投射方向

不同的光线投射方向会产生不同的雾状效果。特别是侧光、侧逆光或逆光，对雾的表现非常有利，被摄景物在这样的光线照明下，会形成一定面积的亮部和暗部，更加突出雾的独特效果。

3. 利用好雾的浓度

轻雾是室外拍摄的理想状态，能充分地形成大气透视，营造神秘的效果；而浓雾则会隐去被摄主体的基本面貌和形态，让人无法看清环境，绝大多数情况下是无法进行影像拍摄的。因此摄影师要选择好雾的浓淡状态，来表现比较理想的雾景天气的画面造型效果。

在户外摄影创作中，雾是一种不可多得的天气条件，它既是视觉对象，又是造型对象。它的造型之美，不是一览无余的、直白之美，而是能呈现东方意境的含蓄之美。

三、雨天的光线造型

（一）雨天的光线特征

雨天有阴天的部分特征，天空光是唯一光源，由于下雨，地面比较暗，景物缺乏立体感和层次感。

雨天时天空光的色温一般比较高，此时拍摄我们会发现画面呈现灰蓝色，可以考虑调整相机白平衡来加强这种冷调效果。

下雨常常导致地面积水的反光和倒影，雨后积水的地面往往可以呈现有意思的镜像效果，增加画面的趣味性。

图 2-3-6 《雨后》
贾婷摄

（二）雨天光线造型的方法

1.控制天空在画面中所占的面积

雨天的天空亮度和地面景物亮度会形成反差，天空偏亮，地面景物因得不到足够的天空光照射而偏暗，会导致两者亮度间距过大。这时拍摄的话，过多的天空面积会影响地面景物层次的表达，可以考虑利用暗色的前景来遮挡一部分天空，或在构图时减少摄入画面的天空面积。

2.用明暗对比法来衬托雨滴的形态

摄影师想要表现雨滴的形态，应该找暗色的背景来衬托明亮的雨滴，当然在构图时把雨滴放在前景会表现得更为醒目、突出。

3.倒影法表现

雨天的地面积水一般能反射天空光，比较亮，所以能缩小天空与地面的亮度间距，而且这时摄影师可以利用倒影形成对称的画面构成，给画面增添趣味性。

4.对于雨景的侧面表现

对于雨景的描绘，不仅可以直接描绘，还可以间接描绘，比如拍摄雨中活动的人。在雨天人们经常穿着五颜六色的雨披、雨衣，或打着各色雨伞，通过雨天人们使用的物品和人物活动，雨景拍摄可以让雨和人们的生活相联结。

综上，雨虽然给外景摄影带来了很多困难和不便，但有时雨天拍摄也会有意想不到的收获，会有有意思的光效和色彩出现，形成独特的外景造型效果。

拍摄练习：

1.拍摄傍晚日落时分暖调效果的照片一张，要求用改变相机白平衡的方式加强日暮的暖调气氛。

2.拍摄阴天散射光照明效果的照片一张，要求突出阴天的光线特点，表现好被摄对象与天空的亮度关系。

3.拍摄晴天太阳直射光下的照片一张，要求画面中有强烈的明暗对比影调关系。

4.拍摄雨天照片一张，要求拍摄雨天积水地面有意思的倒影或人们在雨中的活动。

第三章　热靴闪光灯的使用和造型技巧

热靴闪光灯是一种小型、便携、实用的人工光源。本章结合热靴闪光灯的构造和曝光原理，让大家了解使用它与仅使用相机拍摄在曝光方面的区别。本章的重点：一是要掌握热靴闪光灯的曝光原理，在此基础上掌握它是如何与相机配合完成曝光的；二是要学会比较精准地控制热靴闪光灯，如通过测光表、机内测光等对它发出的光线进行测光、定光，并通过调节热靴闪光灯的输出功率、闪光灯与被摄对象的距离以及添加附件来改变它投射的光的强度和效果；三是要熟练运用离机闪光技术，学会遥控一支或多支闪光灯进行丰富的摄影造型创作；四是掌握热靴闪光灯制造几种主要的光线造型效果。

第一节　热靴闪光灯的基础知识

常言道"工欲善其事，必先利其器"。本节主要介绍热靴闪光灯的概念、原厂灯和副厂灯的区别以及热靴闪光灯的使用优势和购买考虑，摄影者通过学习对热靴闪光灯的基础知识，可以初步了解自己该在拍摄前做哪些器材方面的准备。需要指出的是，器材市场上的热靴闪光灯多种多样、价格各异，摄影者需根据自己要拍摄的题材和个人的经济能力量力而行，不要盲目追求购买价格高的器材，而是要购买适合自己的器材。

一、热靴闪光灯

热靴是由英文"Hot Shoe"直接意译而来的，也称"燕尾槽"。广义上讲，热靴是各种数码影像器材连接各种外置附件的一个固定接口槽，可连接的附件包括闪光灯、引闪器、麦克风等。热靴有单触点、双触点，甚至三个触点。热靴触点的主要作用是传递信息和控制闪光灯，以实现相机与闪光灯之间的协同工作。

热靴闪光灯指直接安装在相机机顶热靴上，或者用数据线、

图 3-1-1　佳能相机热靴

引闪器进行离机引闪的小型闪光设备。

图 3-1-2　不同型号的热靴闪光灯

二、原厂灯和副厂灯

热靴闪光灯根据生产商的不同，可分为原厂闪光灯和副厂闪光灯。原厂灯指闪光灯品牌和相机品牌一致，出自同一生产厂家的热靴闪光灯。如佳能、尼康、索尼等相机生产厂商都生产和自家相机匹配的热靴闪光灯。原厂闪光灯与原厂相机和测光系统有更契合的匹配。

副厂灯指相机使用的并非原厂灯，而是由第三方厂商生产的热靴闪光灯，如大家比较熟悉的保富图（Profoto）、神牛等品牌的热靴闪光灯。保富图作为瑞典摄影灯光品牌，目前热靴闪光灯的主打型号为 Profoto A10。Profoto A10 有出色的使用稳定性和兼容性，可以选择多种附件，受到专业摄影师青睐，一支该型号的热靴闪光灯市场售价在 8000 元左右。副厂国产闪光灯，如神牛、永诺等品牌的热靴闪光灯也有很好的性能和使用体验，且性价比很高。如一支搭配锂电池的神牛 V1 热靴闪光灯，市场售价大约在人民币 1300 元左右。

三、热靴闪光灯的使用优势和购买考虑

热靴闪光灯有很多使用优势：一是它比大型影室灯、外拍灯的价格便宜很多，非专业摄影师都可以承受；二是外形小巧、重量轻、非常便携，重量一般只有 500 克左右；三是携带热靴闪光灯相当于多带了一个人工光源，可以应付现场光不理想的状况，进行及时补光，用于平衡现场光；四是热靴闪光灯还可以配合丰富的附件使用，创造出意想不到的画面效果。综上，职业摄影师和摄影爱好者应该学会热靴闪光灯的操作原理和常用技巧，以便拓展创作思路，实现摄影的创新性发展。

购买热靴闪光灯要根据使用闪光灯的拍摄需求、使用频率、财力等综合因素考虑，切忌盲目购买。比如对于新闻摄影记者来说，由于时常要捕捉一些发生在须臾之间的精彩瞬间，回电速度快、轻巧便携的小型热靴闪光灯就非常适合；而对于从事拍摄人像的摄影师来说，更注重闪光灯有比较强大的输出功率、稳定的色温以及丰富的变光附件，满足这些要求才能拍摄出高质量的人像照片。由此，我建议闪光摄影的初学者没有必要"一步到位"，可以先入手一支热靴闪光灯，当你学会了使用和控制它后，会逐渐体会到你手中的这支闪光灯的优势和不足，到那时再根据个人的拍摄题材和需求，斟酌是否要更换或增加闪光设备也不迟。

目前，越来越多摄影者已经意识到热靴闪光灯给摄影创作带来的更多可能性，因为它区别于相机曝光整体控制光线，而是通过局部控制光线制造出较为理想的画面视觉效果。值得一提的是，美国著名摄影师乔·麦克纳利的图书《瞬间的背后》《热靴日记》带领读者探索了热靴闪光灯在摄影中的广泛应用，令很多摄影师大开眼界，发现热靴闪光灯还可以这样玩。作为学习者，我们要清醒地意识到"熟能生巧"的道理，先要熟悉热靴闪光灯的基本操作应用，在掌握闪光灯的基本工作原理之后，再通过大量的实践，在拍摄中不断地解决问题、积累经验。只有这样，摄影师才能在不同题材、不同场景下，游刃有余地使用好闪光灯。对于将用光作为颜料的摄影师来说，如何控制和使用光线进行摄影造型确实是一项必备的技能。

第二节 热靴闪光灯的主要功能和闪光附件

本节从热靴闪光灯的主要功能入手，帮助学习者学会通过液晶屏数据了解闪光灯的基本设置和状态，重点掌握常用的三种闪光模式以及它们都在什么样的场景下使用。其中，热靴闪光灯的 TTL 模式和 M 模式是摄影师必须掌握并经常使用的两种闪光模式，要熟悉这两种闪光模式的区别，并学会融合两种模式的优势进行工作。闪光变光附件能在一定范围内改变热靴闪光灯的光质，摄影师要了解不同附件所起的作用和带来的不同画面效果。

一、热靴闪光灯的作用和主要功能

（一）热靴闪光灯的三种用途

热靴闪光灯是一种电子闪光灯，它通过电容器存储高压电，脉冲触发使闪光管放电，完成瞬间闪光。热靴闪光灯有三个主要用途：一是照明。当被摄对象照明情况不理想，无法通过相机调整曝光得到理想的画面效果时，要用热靴闪光灯对被摄对象进行

图 3-2-1 佳能热靴闪光灯的外部构造图

补充照明。二是平衡现场光。如当拍摄前后景明暗反差比较大的画面时，需要缩小前后景明暗反差，此时可以用闪光灯增加前景的照明，从而平衡前后景亮度，缩小明暗反差。三是纠正偏色。通常电子闪光灯的色温为5500K左右，接近白天正午阳光下的色温。在闪光灯的照明范围内，被摄主体色彩可以得到比较准确的还原。特别是进行产品摄影、商品摄影要求拍摄对象的颜色尽可能如实还原的时候，要使用闪光灯来纠正偏色。

（二）热靴闪光灯的主要构造和功能或闪光模式

1. 热靴闪光灯灯头构造和附件

热靴闪光灯虽然由于品牌不同，操作按钮的位置也不尽相同，但其主要构造和功能大同小异。新一代的热靴闪光灯除了有闪光灯管，普遍还有造型灯光。后者是闪光灯中内置的一种连续光源，用来观察光线的大致效果。

值得一提的是，一些方头热靴闪光灯灯头部分还自带简易的拍摄附件，如广角扩散板和作用于眼神光的反光板（可简称为"眼神光板"）。目前流行的圆头热靴闪光灯，这些附件是另附加上的。

（1）广角扩散板

广角扩散板是一块可以从灯头内拔出并覆盖在灯前的小型半透明塑料板，当相机镜头焦距超出闪光灯的广角变焦范围时，它能起到扩散光线的作用，将光线扩散到更广的范围，使得光线更柔和、更均匀。

广角扩散板在什么情况下使用呢？我们知道一般热靴闪光灯的变焦范围为24—105mm。摄影者一旦使用24mm以下的镜头（如16mm镜头）拍摄，这时闪光灯的广角端焦距变焦只能到24mm，这就意味着闪光灯照明范围无法覆盖相机16mm超广角镜头的视角，就会出现所拍摄的画面中间亮、四周暗的现象。这时使用广角扩散板，就可以将热靴闪光灯的光线进行扩散以覆盖超广角的画面，减轻画面四周暗角问题。

（2）眼神光板

眼神光板是一个小型、可伸缩的反光板，通常安装在闪光灯头部，拍摄人像时用于在被摄对象的眼睛中产生明亮的反光点，

图 3-2-2 热靴闪光
灯前未加广角扩散板的拍
摄效果。贾婷摄

图 3-2-3 热靴闪光
灯前加广角扩散板后的拍
摄效果。贾婷摄

即"眼神光"。眼神光板是通过反射闪光灯的光线,将一部分光
线直接投向被摄对象的眼睛,从而在照片中创造出更加生动、自
然的眼神效果。一般使用距离在 1 米以内,否则小小的眼神光板
的作用会微乎其微。如果补光距离太远,可以尝试用折叠式反光
板补光。

　　灯头和灯身之间有闪光灯灯头旋转装置锁定按钮,可以将灯
头水平或垂直旋转,锁定在需要的位置。值得一提的是,佳能的
一款闪光灯已经实现了 AI 设定功能,可以根据环境、摄影者与
被摄对象的距离自动测算反射式闪光的相应角度,自动设置闪光

图 3-2-4 热靴闪光
灯的广角扩散板（左）和
眼神光板（右）

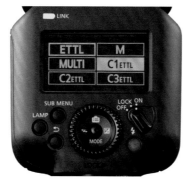

图 3-2-5 热靴闪光
灯常用闪光模式标志

灯角度，轻松实现精准的反射式闪光。

2. 热靴闪光灯灯身结构和闪光模式

热靴闪光灯的灯身部分主要是由液晶显示面板、控制按钮、电池仓和热靴部分组成。

摄影师开启热靴闪光灯后，要根据拍摄题材设定闪光模式。热靴闪光灯的闪光模式主要有三种，分别是：自动模式（TTL）、手动模式（M）和频闪模式（MULTI）。

（1）自动模式（TTL）

TTL 是"Through the Lens"的缩写，意为"一种测量光线经过镜头的相机测光系统"。这是一种几乎所有相机都有的内置测光功能，佳能的热靴闪光灯显示 ETTL，尼康热靴闪光灯显示为 ITTL，大多数品牌的相机则直接显示为 TTL。虽然每个厂商申请的名字不一样，但其功能却是一样的。通常热靴闪光灯连接在相机上使用时，相机与闪光灯之间会产生数据的交换，光线进入相机镜头后，机身测光系统测量后给出一个合适的测光结果，闪光灯会自动计算出合适的光线强度进行闪光。

不过，相机根据热靴闪光灯在 TTL 模式下进行曝光，闪光灯的曝光效果可能是相机认为的合适的曝光效果，而不见得符合摄影师的要求。当摄影师认为经 TTL 测光曝光，画面还是存在曝光不足或曝光过度的情况时，应在使用 TTL 测光模式测得的数据基础上，进一步调整闪光灯输出功率。有两种调节方法：一是在 TTL 模式下，使用热靴闪光灯的闪光曝光补偿功能，可在正负 3 挡的范围内，按 1/3 级逐级调节闪光灯输出功率；二是切换到热靴闪光灯的手动模式（M），逐级增大或减小热靴闪光灯的输出功率，直至曝光效果满意为止。

当闪光曝光补偿和手动模式都不起作用时，就要考虑调节拍摄距离、整体调整相机的光圈或感光度等。

热靴闪光灯的自动模式一般适用于光线比较统一稳定、不复杂的场景，如会议拍摄、聚会拍摄，也经常在需要快速抓取瞬间和人物动态的新闻摄影中使用。

（2）手动模式（M）

相较于自动模式，热靴闪光灯的手动模式更被摄影师广泛使用。它可以给摄影师提供现场拍摄更大的创作自由度，帮助摄影师根据自己设想的画面效果进行闪光输出的调校。其一般输出功率范围可以从全光输出 1/1 开始，之后按 1/2、1/4、1/8、1/16、1/32、1/64、1/128 等调校功率输出，可以更精细地对热靴闪光灯光线输出强度进行调节。在没有闪光测光表的时候，手动模式下的热靴闪光灯输出参数，可以在参考自动模式给出的数值基础上进行更精细的设定。热靴闪光灯的手动模式一般适用于光线比较多变、复杂的场景，需要较精细地调节光线的情况，如人像摄影、

图 3-2-6 热靴闪光灯闪光曝光补偿功能

产品摄影等。

（3）频闪模式（MULTI）

热靴闪光灯的频闪模式是闪光灯的一种特殊的工作模式，允许闪光灯在一段时间内以特定的频率连续闪烁。在频闪模式下，摄影师可以设置闪光灯的闪烁频率和持续时间。闪烁频率通常以每秒闪烁次数来表示，而持续时间则决定了闪光灯连续闪烁的总时长。通过设置这些参数，摄影师可以创造出各种动态和节奏感强烈的效果。

在拍摄运动物体的轨迹、表现连续动作时，频闪模式十分有效。例如，在拍摄舞蹈表演或运动场景时，使用频闪模式可以捕捉到连续的动作瞬间，并将它们以一系列清晰、定格的图像呈现出来。

拍摄的注意事项：首先，建议选择排除拍摄现场环境光，最好关掉其他照明，在几乎全黑的封闭空间拍摄，这样可以使被频闪的被摄对象因为没有环境光的干扰而结像更清晰，不会隐没在浅色的亮背景中；其次，被摄对象最好处于有位移的运动状态，这样才能用频闪技术定格其运动轨迹。

在热靴闪光灯的设置中，通道（Channel）和组别（Group）的概念也非常重要，将在本章第五节遥控闪光灯部分做重点介绍。

二、热靴闪光灯的常用塑光附件

热靴闪光灯的小型附件也很多样，主要有柔化光线、约束光线和增加颜色效果三种用途。由于热靴闪光灯属于小型硬质光源，在大多数情况下摄影师不直接使用这种光源拍摄需要表现柔和感觉的被摄对象。这时，摄影师会考虑跳闪或在热靴闪光灯前加柔化光线的附件来进行拍摄。我们在这里按照功能先主要讲解热靴闪光灯几款常用的附件。至于各种附件的详细功能介绍，我们将在后文棚内影室灯章节进行展开。

（一）热靴闪光灯常用柔光附件

闪光灯柔光附件能够柔化光线，减少阴影的生硬感，使拍摄对象呈现出更加自然、柔和的光线造型效果。摄影师经常用到的热靴闪光灯柔光附件有柔光罩、小型柔光箱等。柔光罩能将闪光灯打出的光线变得柔和，使照片看起来更加自然。它通过耐高温的半透明塑料材质，将僵硬的直射光线转化为柔和的漫射光，从而消除人像或其他被摄物体上的高光斑。小型柔光箱配合热靴闪光灯使用，也能增大闪光灯发光面积、减弱闪光灯照度、冲淡阴影，从而制造比较柔和的光效。在这里要说明，根据光源的相对大小原理，虽然热靴闪光灯扩散光线的附件能起到柔化光线的作用，但在两种情况下，其作用微乎其微。一种是热靴闪光灯距离被摄对象较远，它还是被视同一个点状的硬质光源。另一种是对于拍摄面积比较大的被摄对象，它的发光面积不足以覆盖整个被摄对象，无法达到柔化的效果。

（二）热靴闪光灯常用束光附件

约束光线的热靴闪光灯附件有蜂巢、束光筒。顾名思义，"蜂巢"的外形结构和蜂巢十分相像，闪光灯加上它后，光线的角度会被束缚，打出的光呈现由中心到四周的渐变，且边缘有过渡效果，特别适合拍肖像和一些渐变的背景。束光筒将光线控制在一个很小的范围，适合给局部加光，如作为修饰光，用于突出产品的商标。

图3-2-7 热靴闪光灯的常用塑光附件（第一行从左至右为柔光箱、束光筒、反光伞，第二行从左至右为四叶片挡板和两款蜂巢）

（三）其他控光附件

四叶片挡板也是一种非常实用的控光附件。四叶片挡板可以从横向和纵向控制光线的角度和范围，既可以打开以扩散光线的照明范围，又可以闭合以缩小光线的照明范围，它特别适用于窄光照明（详见第七章第二节）的轮廓光。需要注意是，它只改变光线的照明范围，不改变照明的光质。

另外，还有增强颜色效果的附件，如滤色片可以用来增加画面的色彩效果。色彩可以起到增加画面气氛的作用，因而在拍摄中给热靴闪光灯加颜色滤镜或滤色片使用常常会有意想不到的暖调效果、冷调效果、对比色效果、和谐色效果等，滤色片是丰富闪光灯造型效果的不二选择。

第三节　闪光曝光测量和设定

在第二节中，我们谈到了热靴闪光灯闪光模式中的自动模式
(TTL)。自动模式测光虽然方便，但它是一种综合性的测量方式，
根据通过相机镜头的光线来确定曝光参数。这种方式对于整体曝
光来说通常是足够的，但它是一种反射式测光，容易受到环境光
等因素的干扰，无法精确地测量被摄对象局部的曝光数据。当摄
影师对曝光有更高的精准要求时，特别是当场景中的光比（不同
区域的光照强度差异）较大时，就需要一块具有测闪光功能的测
光表。这种测光表可以测量闪光灯照射下的被摄对象的各个部分
的具体光照情况，帮助摄影师了解不同区域之间的光比差异。通
过测光表的读数，摄影师可以更加精确地调整闪光灯的输出功率，
确保被摄对象的重点部位都能获得合适的曝光。

从事肖像和商业摄影的专业摄影师，测光表是他们工作的必
备设备。如图中所示，测光表的乳白色半圆球体负责测量入射光
强度。我们经常看到摄影师手拿测光表靠近模特的脸进行测光，
这种入射光的测量方式能更加准确测得当时光线条件下模特脸部
需要的曝光参考数值。由于测光表不受被摄对象表面反光率的影
响直接测算入射光强度，所以它比测算进入相机镜头的反射光的
反射式测光更加准确。

图 3-3-1 世 光 (SEKONIC)L-308S
测光表的外观

对于经常在闪光光源环境下拍摄的摄影师，最好有一块测闪光功能的测光表。手持测光表的品牌比较常用的有世光、美能达等，以世光测光表 L-308S 为例，其身上会有一个磨砂半圆测光球，滑动测光球可以进行入射光和反射光的设定。如果能靠近被摄对象，最好使用贴近被摄对象的入射光测光方式，这样能得到比较精准的曝光参数。当开启测光表后，液晶显示屏上会显示图标和参数，摄影师完全可以学习掌握：一是测光模式图标，一般包括自然光测量、自动无线闪光测量以及有线闪光测量，可以通过 mode 按钮进行测光模式的切换；二是 ISO 按钮，摄影师按下此按钮，配合侧面的上按钮和下按钮，可自行设定好感光度；三是设置速度，一般设置快门速度在相机的最高闪光同步速度范围内。在引闪闪光灯时，按住测光表侧面的测量按钮，测光表会自动给出测得的光圈值。通过比较亮部和暗部的光圈值，可以计算出光比。例如，如果亮部的光圈值为 F11，暗部的光圈值为 F8，那么光圈级差为 1 挡，光比即为 1:2。这是因为每相差一级光圈，光量就会相差一倍。同理，如果亮部的光圈值为 F11，暗部的光圈值为 F5.6，光圈级差为 2 挡，光比则为 1:4。光圈级差与光比的变化规律为 $1:2^n$（n 代表光圈级差）。光比越大，画面明暗反差强烈，视觉张力强；光比越小，画面柔和平缓，层次感丰富。

综上，要精确控制闪光曝光，测光表测光是最准确和便利的一种方式，对摄影师精准控制画面光比有重要作用。

第四节　闪光曝光的基本原理

一、相机曝光中的"互易律"概念

相机曝光和相机使用闪光灯曝光有什么区别呢？这经常是困扰摄影小白的一个烧脑问题。通常使用相机曝光，直接影响曝光的是光圈、快门速度和感光度三个要素。这三个要素只要有一个改变，整个画面的曝光量都会改变。对于相机曝光，在摄影理论中有一个"互易率"的概念。互易率也称"等效曝光"，指曝光三要素之间的互易关系，就是光圈、快门速度、感光度中一个参数如果改变，增加了曝光量，其他两个参数就要调节减少相应的曝光量，一个参数如果改变，减少了曝光量，其他两个参数就要调整以增加相应的曝光量。这种相应变化的结果是，虽然画面的景深、对速度的表现有所不同，但画面整体曝光量不变。

需要注意的是，互易率并不总是完全准确。特别是在极端的光圈大小或快门速度下，由于镜头的光学特性或相机的机械限制，曝光量可能会发生微小的变化。此外，不同的胶片或影像传感器可能对曝光有不同的反应，这也会影响互易率的准确性。了解互易率的基本原理可以帮助摄影师更好地理解曝光控制的基本原理，从而更好地掌握摄影技术。

二、闪光灯的曝光原理

（一）闪光灯如何影响曝光

那相机加上闪光灯拍摄时，还符合曝光互易律的规律吗？相机安装上闪光灯后，闪光灯参与曝光和单纯相机曝光有哪些不同呢？我们可以用实验来直观地观察一下。设定感光度不变的前提下，在同一距离拍摄同一物体，当光圈不变时，将快门速度分别设置在 1/15 秒、1/30 秒、1/60 秒、1/125 秒，你会发现被摄主体的曝光量几乎没有变化。接着，设定感光度不变的前提下，在同一距离拍摄同一物体，当快门速度不变，将光圈分别设置在

F2.8、F4、F5.6、F8 拍摄，你会发现被摄对象的曝光有明显的改变。这说明在闪光灯参与曝光的过程中，光圈起着至关重要的作用——光圈越大，进光量越多，整个画面的曝光量就多，光圈与曝光量是一个正比关系。而相机的快门速度对于一闪而过的闪光灯来说，起不到调节作用，不影响对被摄主体的闪光曝光。

（二）闪光指数（guide number, GN）

闪光指数（GN）是反映闪光灯功率大小的一个重要参数，是闪光灯闪光强度的一种量制，以英尺或米为计算单位，是指闪光距离与曝光所需的光圈值的乘积，表明闪光灯发光能力的强弱。对于小型热靴闪光灯，厂家在说明书中提供的闪光指数一般以使用 ISO100 的感光度、200mm 焦距镜头为基础，以米为单位测算的。

闪光指数在闪光摄影中有什么用呢？能不能满足实际的拍摄需要？如果知道闪光指数，就可以通过"闪光距离 = 闪光指数 / 镜头光圈值"的公式，推导出大概的闪光距离。如一支闪光指数为 64 的热靴闪光灯，在相机感光度设定在 ISO100 的前提下，镜头光圈值为 F8 时，其闪光能覆盖的距离应在 8 米左右。

闪光指数是闪光灯的基本参数，虽然不同品牌、类型的热靴闪光灯的闪光指数不尽相同，但总的来说，小型热靴闪光的闪光指数大致在 60 左右。当然，闪光灯的闪光指数越大，输出功率也越大，能照射的距离就越远。因此，在购买热靴闪光灯时，一定要查阅闪光灯的说明书，通过闪光指数了解闪光灯能照射到多远距离。通过闪光指数，我们也了解到小型的热靴闪光灯只能照射一定的距离，超出它能力范围之外的曝光仍需要通过相机曝光三要素来调节控制。

可以做个实验，当被摄对象和背景间的距离较大时，使用热靴闪光灯拍摄，在相同感光度、光圈的前提下，一张用 1/125 秒拍摄，另一张用 1/60 秒拍摄，你会发现用 1/60 秒拍摄的那张画面的背景要比用 1/125 秒拍摄的亮一级。通过测试我们会了解到，闪光灯一般只在一定距离内影响前景曝光，超出闪光距离的范围，相机的快门速度将影响背景的曝光。

图 3-4-1 热靴闪光
灯闪光指数与闪光距离的
关系

GN.60 ⊢————————→ **约10.7米**

GN.47 ⊢————————→ **约8.3米**

GN.43 ⊢————————→ **约7.6米**

GN.27 ⊢————→ **约4.8米**

GN.13 ⊢——→ **约2.3米**

※ISO 100、F 5.6、发光量1/1时。

（三）闪光同步和闪光不同步

我们要了解"闪光同步速度"的概念，大多数闪光摄影都会在闪光同步速度下拍摄，如果不在同步速度下拍摄会出现什么问题呢？我们还是继续做测试。首先，在热靴闪光灯实验中保持相机的光圈不变，改变快门速度，当快门速度提升到1/250秒以上进行拍摄，如1/500秒、1/1000秒，摄影者会发现拍摄出的影像会出现一个奇怪的现象，就是画面的部分被遮挡，快门速度越快，画面中遮挡的范围越大。这种情况我们称作"闪光不同步"。这是由于数码相机的快门多为焦平面快门（Focal plane shutter），是近焦平面位置的一种快门，由两个幕帘组成，曝光时它们形成的可调间隙由左边或上边从相机的感光元件 CMOS（CCD）区域掠过。根据走向不同，相机快门可以分为纵向快门和横向快门，纵向快门一般由金属片组成，横向快门由橡胶布制成，两个幕帘间隙的大小和运动速度决定了曝光量。

图 3-4-2 闪光同步效果。贾婷摄
曝光参数：F8、1/200 秒、ISO100

图 3-4-3 闪光不同步效果。贾婷摄
曝光参数：F8、1/320 秒、ISO100

当相机快门开启，先是第一幕帘打开，进行整个画面的曝光，然后第二幕帘关闭完成曝光。如果相机的快门速度过快（高于1/250 秒以上），第一幕帘打开后，第二幕帘很快就跟上关闭了，相机捕捉到的闪光灯打出的光还来不及照亮整个画面，只能照亮第一幕帘和第二幕帘间的缝隙部分，所以大家看到的画面一部分是亮的，而黑暗的部分是被幕帘挡住的部分。而且相机快门速度越快，被挡住的画面部分就越多。

这就引出了三个知识点：

1. 相机快门类型对闪光效果的影响

我们先从快门的知识进入闪光同步速度的概念。快门速度决定光线到达底片或图像传感器的时间，还能够决定移动被摄对象的清晰程度。目前相机快门主要分为电子快门和机械快门。

电子快门是通过传感器来控制曝光时间的一种快门类型。在电子快门工作时，传感器会以一定的速度扫描场景，每个像素的曝光时间由传感器的扫描速度决定。电子快门的主要优势是没有机械幕帘的运动，因此可以实现更高的快门速度，并且没有快门震动。不过，在拍摄快速移动的物体时，对于普通的 CMOS 传感器来说，由于像素阵列是逐行进行曝光，存在一个时间差，因此下一行输出的图像相比上一行是滞后的。由于记录图像存在时间差，因此在拍摄相对运动的物体时会产生形状的失真，形成看上去像果冻一样的扭曲，这种现象被称为"果冻效应"。果冻效应只在定格快速运动的物体时才会有。

机械快门主要有焦平面快门、镜间叶片式快门两种类型。焦平面快门是机械快门的主要种类，它通过幕帘移过底片或图像传感器使之暴露在光线下进行曝光。多数单反相机的快门都有两个快门幕帘，前幕帘（也称为"第一快门幕帘"）和后幕帘（也称为"第二快门幕帘"）。镜间叶片式快门是被放置在镜头中光圈机构附近的通过开合控制是否通光的装置，其形状、敞开和闭合原理与光圈相同，这种快门主要用于较大画幅的相机。镜间叶片式快门在任何速度下都能与闪光保持同步，而焦平面快门大多数情况只有在闪光同步速度下才能结像完整。

2. 闪光同步速度

闪光同步速度是指在使用闪光灯时，相机快门能够完全打开并接收到闪光的最大速度。对于焦平面快门（也就是大多数单反相机和某些其他类型相机所使用的快门）来说，闪光同步速度是一个重要的考虑因素。为了确保闪光灯的正确使用并获得均匀的曝光效果，摄影师需要将相机的快门速度设置在闪光同步速度或更低的速度下进行拍摄。

大多数相机的最高闪光同步速度通常设定为 1/125 秒或 1/250 秒，但具体数值可能因相机型号和制造商而有所不同。摄影师在使用闪光灯时，应该查阅相机的说明书或参考相机制造商提供的技术规格，以确定相机的具体闪光同步速度，并在拍摄时根据需要进行相应的设置。

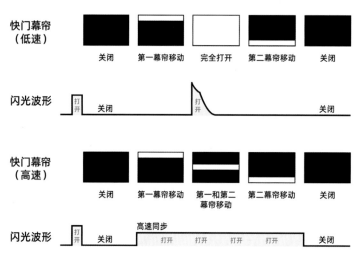

图 3-4-4 高速同步与幕帘快门开启示意图

3. 高速同步

摄影师在进行闪光灯摄影时，一般情况下都会把相机速度设置在 1/250 秒以下，避免造成闪光不同步的情况。但是问题又来了，在一些特殊的情况下，我们必须使用高速拍摄时，如拍摄体育场景和晴天小景深虚化背景的人物肖像时，我们就不能提高相机快门速度了吗？当然不是，热靴闪光灯的设置里有一个选项就是"高速同步"功能，顾名思义这个功能就是解决高速拍摄的问题。当开启这个功能时，闪光灯可以配合相机更高的快门速度拍摄，如用 1/1000 秒以上的快门速度冻结钻石般的水花溅起或人物腾空而起等高速运动画面。但为什么摄影师只是在有特殊需要时才使用这一功能呢？因为当高速同步功能开启后，闪光灯为了解决不同步的问题，会采用类似频闪的方式解决原来闪光不能照射全部画面的问题。也就是在相机的第一幕帘和第二幕帘开启、光线划过胶片或感光元件的过程中，闪光灯进行频闪，才能照亮整个画面，这时闪光灯的功率损耗很大，会导致输出功率迅速下降，耗电量大，长时间使用会影响电池的使用时间和闪光灯的回电速度。所以，高速同步功能只在特殊需要的情况下开启。

图 3-4-5 高速闪光习作。张妤摄

图 3-4-6 高速闪光习作。龚雨诺摄

图 3-4-7 高速闪光习作。徐艺玮摄

图 3-4-8 高速闪光习作。耿敬知摄

图 3-4-9 高速闪光习作。王宝婷摄

图 3-4-10 高速闪光习作。王亦扬摄

第五节　热靴闪光灯的基本使用技巧

在掌握了热靴闪光灯的基本操作知识之后，我们在摄影中如何使用它进行创作呢？热靴闪光灯经常安装在相机的机顶上使用，但是在机顶使用热靴闪光灯有光线方向单一等问题，所以摄影师要学会离机遥控闪光灯，来实现光线造型更丰富的可能性。本节主要介绍摄影师经常使用热靴闪光灯的两种用法：机顶闪光和离机闪光。

一、机顶闪光

在相机机顶使用热靴闪光灯主要有两种闪光方式：直射式闪光和反射式闪光。

（一）直射式闪光

直射式闪光指将热靴闪光灯直接安装在相机热靴上进行闪光

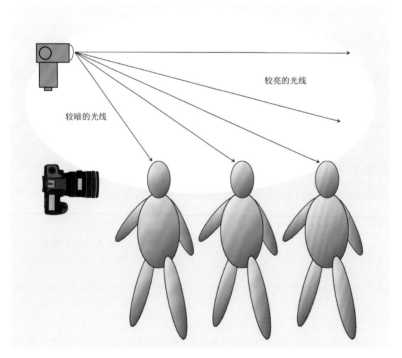

较亮的光线

较暗的光线

图 3-5-1　直射式闪光用法示意图

的情况。由于热靴闪光灯和相机对于被摄对象来说，基本处于同一角度，闪光灯的闪光以顺光的方式投射到被摄对象上，所以可以给正对相机的被摄对象以充分的照明。

直射式闪光需要注意的问题如下：

第一，由于与相机镜头的距离比较近，机顶热靴闪光灯发出的直射光线会出现光质过硬、过平，拍摄的影像会给人带来扁平化和不立体的感受；如果被摄对象贴近背景，还会形成清晰浓重的黑影。

第二，热靴闪光灯属于小型的点状光源，在不加柔光附件的情况下，它会在被摄对象表面产生比较强烈的明暗反差和边缘生硬的阴影。由于它的发光面积和发光距离有限，不能覆盖整个环境的照明，所以还经常出现被照亮前景与未被照明背景之间照明不均的问题。

第三，由于热靴闪光灯在机顶使用，只能产生顺光角度的投射光线，造成光线角度单一。

正因为直射式闪光存在上述问题，除了纪实摄影、新闻摄影等一些急需现场补光照明或拍摄强调瞬间的情况，大多数情况下摄影师会更愿意使用反射式闪光或离机闪光。

（二）反射式闪光

为了改善热靴闪光灯在机顶使用时小型光源形成的硬质光线效果，可以考虑使用反射式闪光。反射式闪光指热靴闪光灯以一定的角度倾斜灯头，不直接照射被摄对象，而是打向一些高亮度、大面积的反射体如墙面、柔光屏等，是一种用柔化后的反射光照亮被摄主体的闪光灯用法，使得照射被摄对象的光线更加柔和。反射式闪光是摄影师经常使用的一种闪光方法。

反射式闪光的注意事项如下：

第一，最好将闪光投射到白色、浅色的天花板（天花板不宜太高）或墙壁。

第二，应注意掌握闪光灯倾斜的角度，确保闪光的中心光线能到达被摄主体。

第三，如果光线从天花板顶部反射下来，顶光照明容易造成

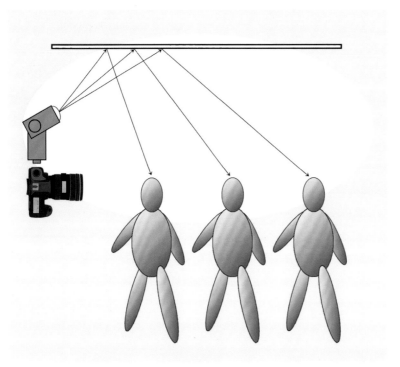

图 3-5-2　反射式闪光用法示意图

图 3-5-3　反射式闪光习作。张策禹摄

人物面部过亮，甚至出现"熊猫眼"的问题，即反射光在被摄对象眼窝处形成黑暗、边缘生硬的阴影。改善的方法就是用小型反光板从正面进行补光来冲淡阴影。

　　第四，如果将闪光投射到侧面的墙壁上，可以得到富有立体感的侧光照明效果。

图 3-5-4　反射式闪光习作。张好摄　　　　图 3-5-5　反射式闪光习作。高宇欣摄

二、离机闪光

前文提到热靴闪光灯安装在相机热靴上使用，由于与相机镜头的距离比较近，其发出的光线会出现光质过硬、照明不均、光线角度单一的问题。所以大多数情况下，摄影师更愿意将闪光灯离开相机使用（也就是离机闪光），这样可以将闪光灯安排在任意角度，可以拍摄多种角度的光线造型，摄影师的创作自由度更大。

离机闪光的方式主要有两种：同步线引闪和无线遥控引闪。同步线引闪就是用同步线将相机和闪光灯连接在一起，但拍摄起来并不自由，而且受同步线长度所限，闪光灯不能离相机太远，而且要常常检查同步线是否能正常连接相机和闪光灯，可见这种连接方式还是不适用于现在的拍摄，基本已被淘汰。目前，摄影师都选择使用无线遥控引闪的方式，不仅可以远程引闪热靴闪光灯、外拍闪光灯，还可以遥控调节闪光灯模式和输出功率。一般来说，常见的闪光灯引闪器的最远遥控距离可以达到几十米到一百多米，一些高端的引闪器甚至可以达到更远的距离。但需要注意的是，遥控距离受到环境的影响，在有障碍物或者信号干扰的情况下，实际的遥控距离可能会受到限制。总之，有助于摄影者远距离控制灯光设备，学会使用遥控闪光灯是摄影师用灯光创作的必备技

图 3-5-6　神牛 X1 引闪器和接收器

能。可以先从离机引闪一支热靴闪光灯开始，然后再学会引闪多支闪光灯，使之相互协作，创造出人意料的光线造型效果。

　　要想顺利地进行无线遥控引闪，必须由引闪器发出闪光指令并让热靴闪光灯接收设备接受指令，这就需要建立闪光灯的触发系统。摄影师普遍使用的两种闪光触发系统分别是红外线触发系统和射频触发系统。红外线触发系统通过相机热靴与相机连接，摄影师按下相机快门的同时，引闪器发出闪光指令被连接在摄影棚闪光灯上的红外伺服器接收，引闪闪光灯。由于红外线容易被遮挡、干扰，而且引闪距离有限，目前红外线触发系统已经很少使用，摄影师普遍主要使用射频触发系统。

　　大多数闪光灯都有自己的触发系统，第三方厂商也有可以兼容的触发器。触发器一般包括引闪器和接收器，引闪器安装在相机热靴上使用，接收器可安装在闪光灯上或内置在闪光灯内。以前，要引闪多支闪光灯很麻烦，每支灯都要安装接收器。现在，热靴闪光灯普遍内置接收器，只要一个与相机品牌匹配的引闪器就可以搞定，建议在拍摄前查阅一下热靴闪光灯是否自带接收器。

　　遥控闪光灯一定要知道通道（Channel）和组别（Group）两个重要设置。闪光灯引闪器一定要设定为和热靴闪光灯同样的频率通道，就像步话机要在同一频道才能保持连通一样。如引闪器设定在 1 通道上，热靴闪光灯也要相应设定在 1 通道，如果后者设定在 2、3 等通道上，就会造成不能引闪闪光灯的问题。利用这个功能，摄影师们可以对不同的闪光灯设定不同的引闪器通道，比如有的设定通道 1，有的设定通道 2，有的设定通道 3，这样就能在它们互不干扰的情况下进行拍摄工作了。

如果一个引闪器要同时引闪多支闪光灯，当然也要保证所有闪光灯的通道设置和引闪器一致，但要对多支闪光灯分别进行控制的话，就要对闪光灯进行分组。组别（Group）的设置，即适用在引闪器引闪多灯的情况。可以把很多灯单独或成组分别进行精细控制，一般有A、B、C、D四个组别。其中，A、B、C、D可以各是一支灯，也可以是几支灯组成的一个灯组。也就是说，只要把组里的每支灯都编成A，就可以对A灯或A组的灯设置闪光模式以及精确控制光线输出量。这样，就基本可以无线遥控一支甚至一组闪光灯进行拍摄工作了。

　　离机闪光的注意事项如下：

　　第一，要根据造型需要设置离机闪光的主灯以及其他造型灯的位置。

　　第二，其他造型灯的亮度一般不高于主灯。

　　第三，要注意离机闪光的遥控距离，超出距离将无法引闪。

　　第四，离机的闪光灯要固定在灯架上或须由专人手持。

拍摄练习：

1. 使用热靴闪光灯反射式闪光拍摄人像一张，要求利用可以反射光线的墙面为人物补光，拍摄有散射光效果、影调柔和的人像照片。

2. 使用热靴闪光灯的高速同步功能拍摄动感人像一张，要求有明显高速闪光定格画面的动感效果。

3. 以太阳光做轮廓光，用热靴闪光灯平衡现场光，拍摄人像一张，要求轮廓光明显，画面人物面部有充足的照明，背景有可分辨的细节。

4. 引闪两支以上热靴闪光灯，拍摄光线自由造型作品一张，要求能看出明确的布光方向和所起的造型作用。

第四章　混合光源的使用和造型技巧

　　大多数情况下，摄影师既会使用自然光源，也会使用人工光源照明进行拍摄，这种照明情况叫作"混合光源照明"。混合光源不仅会影响被摄对象的影调结构，增强画面的立体感和层次感，还能通过改变光源的色温来影响被摄对象的色调关系和色彩关系，从而创造出更加生动、真实的视觉效果。本章将主要介绍混合光源的类型和特点、混合光源拍摄操作，以及混合光源的摄影造型技巧，以便学习者能了解并掌握混合光源照明的造型知识和技巧。

第一节　混合光源的类型和用法

平面摄影中，结合使用自然光源和人工光源可以创造出更加丰富有趣的光影效果。前文已经说过，自然光源指的是自然光线，如太阳光、月光、天空光等；人工光源则是摄影师通过灯光设备产生的人造光线，如闪光灯、常亮灯等。自然光和人工光的混合照明，在摄影中常见且富有创意，有时候以自然光为主、人工光为辅，有时以人工光为主、自然光为辅。另外，不同种类人工光也可以混合使用，如闪光灯和常亮灯混合照明的情况。本节主要阐述混合光源的特点、类型和用法，希望学习者结合拍摄现场的光源情况、拍摄要求等进行具体处理。

一、室内自然光与人工光混合

室内自然光指在室内环境中受到自然光直射照明、散射照明或者两者共同照明的光线效果。摄影师会让被摄对象尽量靠近门或窗进行拍摄，目的就是利用自然光照明质朴、统一的效果形成和谐的光线造型。

室内自然光的照明效果主要受到两个因素的制约和影响：一是室内建筑结构及门、窗与被摄对象之间的距离；二是自然光的运动规律。

其中，第一个因素的影响包括：

建筑物的门、窗数量和面积大小的影响。玻璃窗、门面积越大、数量越多，室内的自然光进光量越大，室内就越亮。相反，玻璃窗、门面积越小、数量越少，室内的自然光进光量越小，室内就越暗。

被摄对象与门、窗的距离影响。被摄对象离门、窗越近，其受光面光照就越充分，背光面光线就会迅速衰减。被摄对象离门、窗越远，接受的光照会比较均匀，但容易出现照明不足的问题。

自然光运动规律的影响包括：

室外自然光角度的影响。由于太阳和地球处在不断运动中，

图 4-1-1 《格鲁吉亚·奥基夫肖像》尤素福·卡什摄

图 4-1-2 《著名男高音普拉西多·多明戈肖像》贾婷摄

在平射期和斜射期，通过窗、门投射到室内的光线比顶射期多，在顶射期几乎没有太阳光投射到室内。

太阳光的照度也影响室内的亮度，太阳光照度大，室内亮的范围就大，太阳光照度小，室内就相对暗一些。

正因为室内自然光照明受到多种因素的制约和影响，所以室内拍摄时，摄影师往往不仅仅使用自然光，还会结合人工光进行共同照明。一种情况是以自然光为主、人工光为辅。自然光作为主光，奠定整个画面的基调，为被摄对象提供主要照明，但画面中远离门、窗的部分会由于缺乏照明而没有层次和细节。这时就需要人工光进行补光。人工光可以是顶灯、台灯、落地灯等家用照明设备，也可以是专业摄影或影视制作中使用的闪光灯、常亮灯、LED灯板等。它们在需要补光的位置进行补充照明，以使被摄对象有更理想的呈现。其他光线的亮度一般会小于主光，作为辅助光、背景光、轮廓光或修饰光来使用。另一种情况是以人工光为主、自然光为辅。这种方式就是以室内人工光源为主光，对被摄对象进行主要照明，而使用自然光作为辅助照明。如：用室内自然光作为环境或背景照明，以提升画面自然光感的气氛；被摄主体用室内的人工光源进行重点照明，以刻画人物外形、神态、情绪。

总之，无论是以自然光为主、人工光为辅，还是以人工光为主、自然光为辅，画面中都要有明确的主光担任刻画被摄主体形象的任务。

二、室外自然光与人工光混合

室外自然光是非常棒的拍摄光源，但它并不稳定，受时间、天气等因素的影响，所以在室外光线不理想的情况下，摄影者常常携带一些热靴闪光灯、外拍灯等人工光源对被摄对象进行照明，以达到理想的光线效果。

人工光源作为局部照明工具，既可以拉大被摄前景和背景的亮度差距，以突出主体或营造特定的视觉效果，也可以缩小前景和背景的亮度差距，起到平衡现场光的作用。我们在之前的章节中讲到闪光灯曝光的原理时，曾提及闪光灯照

图 4-1-3 未开启闪光灯样片。贾婷摄　　　　　　　图 4-1-4 开启闪光灯补光样片。贾婷摄

明能力受到闪光指数、闪光距离等因素的影响。如果摄影师发现被摄对象超出了闪光灯的有效照明范围，要想办法及时调整。在日常拍摄中，摄影师经常在户外工作，需要平衡和协调自然光和人工光两种光源。如选择远处的树林、天空等大范围远距离背景时，我们手头的灯无法做到全覆盖照明，这时对于这种远距离背景的曝光就需要靠相机的曝光三要素，也就是光圈、快门速度、感光度来控制。

具体的拍摄流程是：先不开闪光灯，设置感光度，设置同步速度，调整到合适景深效果的光圈，定好背景亮度。确定好背景亮度后再开启闪光灯，根据闪光灯自动模式（TTL）的测光数值先拍几张测试样片，微调可使用闪光补偿，或直接切换到手动模式（M）增减闪光灯的功率输出 [热靴闪光灯的输出功率调整范围通常在 1/1（最大）到 1/128（最小）之间]。这样做的目的在于确定对前景被摄主体的曝光合适。

在图 4-1-3 未开启闪光灯的照片中，相机测光系统自动按面积大、亮度高的背景天空测光，使得天空表现很好，蓝色的天空色彩得到保留，但前景标牌由于曝光严重不足，呈现黑暗的影调，几乎很难看清标牌上面的数字信息。在图 4-1-4 开启闪光灯对前景标牌进行补光的照片中，我们可以看到，背景天空依然表现出色，前景曝光也得到了很好的改善。闪光在这张照片中起到了缩小近景中被摄主体与远景中天空的亮度差距，起到了平衡现场光的作用。当然，如果摄影者手头没有闪光灯，也可以使用反光板，若自然光源的照度很强，如晴天太阳直射光前提下，利用反光板为被摄主体进行补光也不失为一种平衡现场光的好方法。

三、人工光中瞬间光源与常亮光源的混合

在棚内环境拍摄中，人工光的瞬间光源和常亮光源混合使用也是摄影师必须掌握的一种技巧，这种混合光源可以为照片带来丰富的光影效果和多样的创意表达。

闪光灯和常亮灯混合能起到以下作用：

第一，作为补光与填充光。闪光灯可以用于补光，即在常亮灯光线不足的情况下提供足够的光线，以确保被摄主体亮度和细节。常亮灯则可以用于填充光，即通过常亮灯提供柔和均匀的光线，以减轻强烈的阴影和提高整体的亮度。

第二，创造反差和层次感。通过将闪光灯和常亮光源放置在不同的位置和角度，可以创造出明暗对比和层次感。闪光灯通常用于强调被摄物体的轮廓和细节，常亮光源则可以用于照亮背景或提供柔和的环境光。

第三，增强色彩和氛围。闪光灯和常亮光源具有不同的色温和光线特性，混合使用能创造出丰富的色彩效果和独特的氛围。例如，将暖色调的闪光灯与冷色调的常亮光源混合使用，可以增

图 4-1-5 《北京奥运会的鸟巢烟火》贾婷摄

图 4-1-6　闪光灯与常
亮灯混合习作。王亦扬摄

加画面的色彩层次和视觉冲击力。

第四，制造冻结和模糊效果。闪光灯的闪光时间非常短，能够在画面中"冻结"快速运动的物体，减少由于物体运动或相机抖动造成的影像模糊，从而捕捉到清晰的瞬间，而常亮光源则可以创造出长曝光效果和运动模糊效果。混合使用两种光源，可以在同一张照片中同时呈现动态和静态的元素。

第五，创意表达。闪光灯和常亮光源的混合使用可以帮助摄影师实现各种创意表达，例如高光特效、背光逆光、光晕效果等。通过灵活调整两种光源的强度、角度和位置，可以创造出独特的照片效果和个人风格。

综上，在混合使用闪光灯和常亮光源时，摄影师需要根据拍摄的具体需求和效果，合理安排两种光源的强度、角度和位置，以达到预期的照片效果。同时，也需要注意协调两种光源的色温、亮度和方向以及光比问题。通过灵活运用闪光灯和常亮光源，可以创造出丰富多样、生动有趣的摄影作品。

第二节　混合光源下的光线造型技巧

　　由于摄影师多数情况会在户外进行拍摄，混合照明的最简单形式就是处理室外日光和闪光的平衡，这是摄影师必须掌握并且要精通的造型技巧。本节主要介绍混合光源下平衡现场光的四种造型技巧：利用环境光造型、天空有密度效果、白天拍黑夜效果和低速同步效果（包括前帘同步和后帘同步），这四种造型技巧主要是基于闪光灯的两个核心用法：利用环境光和屏蔽环境光。

一、利用环境光

　　摄影师在室外拍摄，若遇到非常适合的拍摄环境，都希望尽可能地利用环境光线、色彩、气氛等有利因素进行摄影造型。在考虑控光的环节，摄影师会尽可能利用、收集充足的环境光，以体现自然环境之美。

　　那如何平衡人工光和环境中的自然光，让它们天衣无缝地合作呢？当然要遵循之前我们学过的闪光灯的曝光原理。人工光的主要照明对象一般是位于画面中前景的被摄主体，而对于远距离的背景或环境往往要靠自然光。如前文所述，相对于为被摄主体服务的闪光灯曝光，确定背景和环境的照明核心要靠相机曝光来实现。相机拍摄曝光就是通过相机的光圈、快门速度和感光度互易，所以，不要开闪光灯，先通过相机曝光把背景的曝光调整到合适的亮度和气氛。大部分情况下，摄影师希望环境光和为被摄主体造型的人工光能达到浑然天成的理想状态。控制人工光的重点就是尽量使它的亮度和环境光接近，最好是几乎完全相融合。这就要求摄影者用测光表或闪光灯的自动模式（TTL）功能给出被摄主体曝光正常的测光参数，然后根据这个参数进行闪光灯曝光量的增减。可以用闪光灯的手动模式（M）直接增减，也可以使用闪光曝光补偿模式来对被摄主体的曝光进行控制。但是要注意一点：在闪光摄影中，曝光量主要由闪光灯的光强、相机感光度、镜头光圈以及被摄物体与闪光灯之间的距离共同决定。　由于闪光灯的发光时间极短（如 1/10000 秒），快门速度在大多数情况下对曝光量的直接影响较小，但仍需保证在闪光灯发光期间快门处于全开状态。

　　以下几张照片，都是在混合光源照明下充分利用环境光拍摄的人像。室外人工光和环境光起到了相得益彰的融合效果，既突

图 4-2-1　利用环境光进行人像造型。贾婷摄

图 4-2-3 利用环境光进行人像造型。贾婷摄

图 4-2-2 利用环境光进行人像造型。贾婷摄

图 4-2-4 利用环境光进行人像造型。贾婷摄　　图 4-2-5 利用环境光进行人像造型。李若然摄

出了主体，又保留了环境之美，自然的气息扑面而来。

二、 天空有密度效果

　　摄影中的人工光源光线效果普遍是模拟大自然中的光线效果。一天当中的早晚光线对摄影者来说是极具魅力的，不仅光线角度低，能很好地表现人和景物的质感和立体感，而且这一时段

图 4-2-6 天空有密
度光线造型效果习作。
徐艺玮摄

的天空色温变化丰富，天空会呈现从暖调到冷调的不同颜色，此时使用闪光灯拍摄的照片天空更蓝，反映在胶片上就密度更大。太阳刚刚升起和日暮天色还没有完全变黑的这段时间，常常被风光摄影师称为摄影的"黄金时间"。此时的室外闪光摄影效果可称为"天空有密度"拍摄效果。

将闪光灯和黄金时间的天空光相结合运用，对于人像摄影来说再合适不过了。美国著名摄影师安妮·莱博维茨有很多经典作品都是采用这种自然光和人工光混合的方式拍摄的。她拍摄的一张英国女王伊丽莎白二世的环境肖像令人印象深刻，画面呈现的是在暮霭低沉阴郁的英国典型天气条件下，女王脱去皇家的盛装披着斗篷的乡间形象，显得特别亲切而又不失英国皇家风范。画面中呈现的天空气氛立刻让人想起《理智与情感》《傲慢与偏见》《呼啸山庄》等著作中的英国多雨潮湿的味道。

在摄影中,拍摄天空时所谓的"密度"效果,并非直接指天空的物理密度,而是与光线、曝光以及摄影技术相关的一种视觉表现。换言之,我们实际上是在探讨如何利用天空中的光线、云彩和人工光源等元素,创造出具有层次感和密度的视觉效果。拍摄这样的影像时需要掌握几个要点。一是时间,不要等天空完全黑下来再拍摄,而是要在天空可以显现色彩感觉的时候拍摄。对

图 4-2-7 天空有密
度光线造型效果习作。
陈可摄

于北京的气候来说，夏季一般在傍晚 5 点至 7 点，冬季一般在傍晚 4 点至 6 点之间进行拍摄。闪光灯参与拍摄时，首先不开闪光灯，完全由相机测光决定环境（天空）的曝光。当确定天空背景的曝光合适后，再开闪光灯对前景的被摄主体进行测光曝光，具体方法同第 86 或 89 页描述。最后，调整前、后景亮度差距，确定一个综合且合适的曝光量。

需要注意的是，天空有密度光线造型的画面效果虽然是减弱、屏蔽环境光，但还要保留背景天空足够的亮度，这样才能将迷人的天空色彩表现出来。

因此，总体上还是要保持前景、背景亮度的平衡。如果要强化色彩的对比效果，可以在照射前景被摄对象的人工光源前添加与背景成补色关系的滤色镜，增加画面的冷暖对比效果。

三、白天拍黑夜效果

摄影中的白天拍黑夜效果，也被称为"日拍夜"技术，主要是通过一系列拍摄和后期处理技术来模拟夜晚的效果，实现在白天拍摄但呈现出夜晚效果的场景。白天拍黑夜效果是在天空有密度效果基础上的一种更极致的屏蔽环境光的闪光灯用法。其实就是通过闪光灯的曝光控制，压暗背景甚至到画面背景全

图 4-2-8 白天拍黑夜效果习作。高礼源摄

图 4-2-9 白天拍黑夜效果习作。雷骏豪摄

黑的一种光线控制效果。虽然并不是在黑夜拍摄，而是在白天或环境较亮的条件下拍摄，但是摄影师要通过选择适当场景和用闪光曝光的原理拍摄出近似黑夜的氛围效果。

具体拍摄流程：首先就是让背景暗下来。要选择画面中有大面积的暗调或阴影的背景，如房屋的阴影、深色的树木、有遮挡的天空等，总之，选择背景中景物的固有色就是偏低调的。另外，要让被摄主体远离环境。如果被摄主体紧贴背景，两者几乎在同一平面，人工光源就会对背景或环境产生影响，摄影时会无法控制背景的亮度。接下来，不开闪光灯，用相机曝光加减的方式调整背景的曝光，如果觉得背景黑得不够理想，可以减曝光直至想要的黑夜气氛效果出现。注意要把握制造黑夜效果的"度"，最好背景是可以辨别外形的一些景物，如楼房、树木，电线杆等。背景全黑会失去画面的丰富性，反而背景中有可分辨的细节时，更有夜晚的气氛。如果想要夜晚气氛更好一些，在手头有多余灯的前提下，可以在照明背景的灯前加装蓝色滤色片，增加夜晚的蓝色冷调氛围。

综上，要实现白天拍黑夜效果，要注意选取暗调背景，其次要控制好闪光距离，闪光灯不能对背景起作用，使它只对前景的被摄主体起作用。白天拍摄黑夜效果总体上是屏蔽环境光的效果，拉大前、后景的亮度差距，画面整体视觉效果应该存在大面积的暗调，但这并不意味着对被摄主体照明不足，摄影师还是要给予被摄主体充足的照明。

四、低速同步效果

在棚内完全使用人工光源拍摄时，摄影师还经常使用闪光灯与常亮灯混合的方式进行创作。摄影师在拍摄中使用低速同步主要分为前帘同步与后帘同步两种效果，这主要是巧妙运用了闪光灯高速定格瞬间的能力结合相机低速快门收集现场光完成虚实相生的动感视效。

在之前的章节中，我们讲过闪光灯的高速同步，这里的低速同步是闪光灯的另一种功能，就是利用相机较慢的快门速度和闪光灯瞬间闪光相结合方式进行摄影创作。瞬间触发闪光灯的闪光时间可以从几千分之一秒到几万分之一秒，有时对于背景或环境的照明是不充分的。在不给背景补光，不改变感光度、光圈的前提下，背景或环境想要纳入更多的光线，就只有靠放慢快门速度，使用较长时间曝光来让背景或环境曝光合适。

（一）前帘同步

设置快门在较慢的速度（能显现物体或人物移动轨迹的快门速度一般在 1/30 秒以下），按下快门相机前幕帘开启的一瞬间触发闪光灯闪光。这个过程中，闪光灯的闪光是瞬间完成的，但快门的停止时间会根据摄影师的设定而有所不同。这样拍摄快速移动、有亮点的物体就会产生光点在运动物体的"前方"划出物体运动轨迹的虚像效果。

（二）后帘同步

后帘同步是一种能够在相机焦平面关闭之前引闪闪光灯的曝光模式，这种模式可以保证移动的物体在其实像之后留下长长的尾影。通常这个相机快门速度也要设置在较慢的速度，使得被摄主体被闪光照亮的同时，也能通过长时间曝光充分吸收周围的环境光，得到呈现出十足动感的酷炫效果照片。

对于闪光灯使用的前帘同步和后帘同步，特别是拍摄动态的

图 4-2-10　前帘同步效果习作。张诺千摄　　　图 4-2-11　后帘同步效果习作。柯嘉敏摄

图 4-2-12 后帘同步
效果。刘平摄

被摄对象，可以拍摄出动静结合、虚实结合的画面效果。对于没有明确运动方向的被摄对象，无所谓前帘同步或后帘同步。但对于有明确运动方向的被摄对象，特别是水平运动的被摄对象，涉及拖影在被摄主体前还是在被摄主体之后的选择。使用后帘同步拍摄的实像在前，拖影虚像（运动的轨迹）在后，比较符合我们的视觉认知规律，所以后帘同步在实际中用得比较多。

低速闪光同步，适合拍摄灯光、色彩丰富的画面，在运动中的被摄对象，特别适宜在新闻、商业、创意人像等摄影领域运用，既能保证前、后景曝光正常，有丰富的细节，还有很好的动感表现。

拍摄练习：

1. 白天拍黑夜效果习作一张，要求在上午 9 点至下午 3 点间拍摄，做到压暗背景，但要能分辨出背景景物的外形。

2. 拍摄天空有密度光线造型效果习作一张，要求单灯傍晚拍摄，在户外以人物为拍摄对象，保留傍晚天空的蓝色色调。

3. 拍摄低速闪光习作两张，要求在室内利用黑背景拍摄前帘同步一张、后帘同步一张，两张画面要有明显的虚实结合效果。

4. 拍摄闪光灯前加色片，改变色彩效果的习作一张，要求拍摄前景被摄主体为暖色调、背景为冷色调。

第五章　棚内影室灯的使用和造型技巧

摄影师不仅要善于用外景自然光进行创作，还要学会使用棚内影室灯拍摄。影棚内的拍摄可以帮助摄影者拓展新的创作领域，如可以拍摄室内的人像、静物、商业广告等。影室灯的造型能力强，既可以模拟户外自然光线的效果，又可塑造出意想不到的超凡的视觉造型效果。摄影者要通过不断练习，逐渐提升对棚内灯光器材使用的娴熟度和光线造型能力，最终达到创造性地使用光线进行摄影造型的目的。本章主要阐述棚内影室灯的种类、构造及灯光附件，棚内影室灯的用光规律、布光以及光线处理办法等，以帮助学习者掌握棚内影室灯用光的基本知识和技巧。

第一节　影室灯的种类、构造及灯光附件

俗话说"工欲善其事，必先利其器"。棚内使用影室灯拍摄，首先，我们要对使用的影室灯的种类、构造以及相匹配的附件有所了解。其次，要掌握棚内灯光运用的一些基本原理和造型知识，用理论指导实践。最后，通过实践拍摄、解决问题来加深对知识的活学活用。本节介绍影室灯的主要光源类型（包括作为持续光源的常亮灯和作为瞬间光源的影室闪光灯）、影室常亮灯及闪光灯的品牌和附件，以帮助学习者对棚内常用的灯具及其性能有基本的了解和掌握。

一、影室灯的主要光源类型

影室灯按照光源类型大致有两大类：一类是连续光源，是一种连续照射的光源，发出的是连续光。日常生活中我们最熟悉的自然界最大的连续光源就是太阳。室内常用的连续光源有白炽灯（别名"钨丝灯"）、日光灯（别名"荧光灯""电棒"）以及目前平面摄影拍摄常用的 LED 灯，还有电影摄影专用的阿莱灯、卤素灯、镝灯等。另一类为瞬间光源，棚内常用的瞬间光源就是影室闪光灯。

影视市场针对平面摄影师和电影摄影师的需求提供不同类型、种类繁多的灯光系统。

（一）作为持续光源的常亮灯

1. 棚内连续光源的优势和劣势

棚内连续光源的优势：一是所见即所得，摄影师可以用眼睛观察到现场拍摄的光线效果，直观地看到光源的强度、方向及产生的阴影；二是连续光容易和现场环境光混合，摄影师可以直接使用相机内的测光系统对被摄对象和被摄环境进行测光，而不需要使用手持测光表测光。

棚内连续光源的劣势：一是市场上的连续光源系统一般采用

标准灯泡的白炽灯系统作为主光源，而这个系统无法满足高亮度照明需求。而且白炽灯发出的光具有较暖的色调，其色温通常在2500K至3000K之间，这会导致被摄对象在照明下呈现出偏橙色的色调，对一些不会使用白平衡功能的业余摄影师来说，这很可能造成一定困扰。二是连续光源的反光附件和用光效果控制附件的选择比较少，在拍摄时会受到一定局限。三是连续光源无法像瞬间光源那样有强大的凝固动态瞬间的能力。四是大部分LED灯，尤其是早期或低质量的LED产品，确实存在显色指数不够高的问题，拍摄出来的照片色彩可能会有偏差，无法真实反应被摄对象的实际颜色。光与色有密不可分的关系，灯的显色指数越高，越接近于太阳的显色指数，其还原色彩的能力就越好。在拍摄静物、产品等门类的平面摄影作品时，应优先选择闪光灯或钨丝灯。如果需要使用LED灯，应选择高质量、高显色指数的产品。

2. 棚内连续光源的种类

用作连续光源的常亮灯按照发光性质一般划分为镝灯（HMI）、钨丝灯（Tungsten）和LED灯。

（1）镝灯

镝灯是电影摄影棚、舞台、影剧院中广泛使用的常亮灯，属高强度气体放电灯，具有光效高、显色性好、寿命长等特点，是金属卤化物灯的一种。它利用充入的碘化镝、碘化亚铊、汞等物质发出特有的密集型光谱，使用时需要有相应的镇流器和触发器。镝灯的色温在5600—6000K左右，比较接近自然光色温。很多摄影师都使用这种光源拍摄一些大型的物体，如汽车、室内建筑等，或在电影摄影中用来平衡日光或模拟日光。市场上各种功率的镝灯很齐全，可以输出1000—2000W的大功率。镝灯的造型一般较大，造价昂贵，但是输出稳定，结实耐用。所有的镝灯都需要镇流器来调节电流，所以一定要注意使用规范与安全。

（2）钨丝灯

钨丝灯是一种使用钨丝发热发光的灯，被用于静态摄影和电影摄影领域照明很多年。近些年，它已逐渐被闪光灯和镝灯取代。由于制造厂商不同，钨丝灯的色温也不尽相同，灯泡会发出很高的热量，不太适合空间狭小的封闭空间拍摄，操作时要注意一般使用 20—30 分钟就要关闭电源，避免灯具过热。装卸灯具时最好戴上保护手套，避免因灯具过热灼伤手部。

（3）LED 灯

当前棚内最常用的常亮灯是 LED 灯板，它由数百甚至上千个非常小且极其明亮的单灯头形式设计的发光二极管组成。最小的 LED 灯板可以固定在相机热靴上或手持，由电池供电，非常轻而且便携。面积更大的 LED 灯板通常安装在灯架上使用。目前，一块 LED 灯板可以单独使用，也可以几块 LED 灯板拼成一个大型光源使用，使得发光面积更大，灯光更均匀柔和。

LED 灯可以发出连续的光，完全不会有闪烁和变暗的现象，它既适用于拍摄图片，也适用于录制视频，因此在摄影棚内被广泛使用。RGB 全彩 LED 灯板可以提供从钨丝灯到日光的全范围调控，还可以设置光谱上的任意颜色。不仅如此，还能通过手机 APP 调控 LED 灯的色温、色调、饱和度和强度，为摄影光线造型的创作提供了更多的可能性和便利性。另外，与钨丝灯相比，LED 灯的一大优势就是在工作中几乎不产生热量，不用担心长时间用灯的过热问题，棚内用灯非常安全。

LED 灯也有短板，就是发光强度略有不足，在棚内拍摄景物和产品时影响不大，但拍摄动态的物体或人物时就略显吃力，只能以提高感光度而损失画面质量为代价。为了提高 LED 灯的发光强度，可以借助强反光工具（金属反光板）来提高反光强度。

综上，连续光源对摄影者最大的好处就是基本上所见即所得，摄影师能在布光的同时看到最终的拍摄效果，这对棚内用灯的初学者来说也是非常友好的。但选择连续光源，功率是最重要的考虑因素。

（二）作为瞬间光源的影室闪光灯

目前，一般数码相机的快门速度能达到 1/8000 秒左右，能满足大多数的项目拍摄，但摄影者也会发现当需要高速定格的画面效果时，闪光灯凝结瞬间的能力会更好，一般能拍摄到 1/8000 秒以上速度的画面。比如：定格水花飞溅钻石般的水滴效果，定格模特头发摆动时锐利的发丝效果。使用闪光灯高速同步功能,凝固画面动态的清晰度、锐度比连续光源要好得多。这是因为闪光灯能够在极短的时间内发出非常强烈的光线,确保被摄对象在快门打开的瞬间得到充分的照明,从而定格出清晰的画面。所以,如果摄影师要拍摄定格高速瞬间的平面图片,应使用功率强大、闪光速度快的棚内闪光灯。

1. 影室闪光灯的优势

从事商业摄影、静物摄影、人像摄影等摄影门类的摄影师经常在棚内使用影室闪光灯进行工作。摄影棚使用影室闪光灯的好处:一是棚内拍摄不用考虑天气的影响和光线随时变化的因素,可以全天候高效率地进行拍摄工作;二是摄影棚、影室是相对密闭不透光的室内环境,可以减少环境光对被摄对象的影响,摄影师更容易控制光线的角度、高度、输出功率及画面的造型效果;三是影室闪光灯通常功率比较大,搭配稳定的交流电或电箱工作,可以供给闪光灯足够的电量使其快速、稳定地工作。当然,此处前两个优势同样适用于室内连续光源。

因此,影室闪光灯是一些专业领域摄影师工作的首选,可保证其稳定、高效、高质量地完成摄影工作。但对于一些习惯了用自然光拍摄的摄影师或爱好者,影室闪光灯却会令其望而却步,这往往是没有掌握影室闪光灯使用的原理而进行过糟糕的拍摄体验造成的,比如闪光灯直闪造成的画面毫无层次的突兀感、浓重的挥之不去的死黑阴影等。但这并不是闪光灯的问题,而是摄影者不会使用闪光灯的问题。所以,当你学习棚内影室闪光灯使用前,要学懂弄通使用影室闪光灯拍摄的一些基本用光原理和知识,这样问题就会迎刃而解,相信你也会爱上使用影室闪光灯进行摄影创作。

2. 影室闪光灯的基本结构

影室闪光灯主要由灯头、灯身构成。目前市面上的影室闪光灯灯头由两种灯泡构成,一种是环形的造型灯泡,一种是位于中心的闪光灯泡。闪光灯泡用于发出瞬间光线,适用于棚内闪光摄影;而造型灯泡主要是用于方便摄影师观察光线的造型效果,从而更准确地调整灯光位置和角度,达到预期的拍摄效果。它不参与实际拍摄,当使用闪光灯时,造型光会熄灭。灯身部分最主要的就是控制调节面板,一般有一块液晶屏显示灯的功率输出情况,一般从1—10进行调整,其中1代表最小功率,10代表最大功率。可以按照1/3级调整闪光灯的功率输出。这种调整精度允许摄影师根据拍摄需求精细地调整闪光灯的输出,以达到最佳的拍摄效果。市面上有的影室闪光灯用"+""-"来调节,也有闪光灯使用旋钮来调节功率输出,这是一种非常方便的设计。前文提到过,最主要的闪光灯设置就是闪光灯测光模式,主要有自动模式(TTL)和手动模式(M)两种,还要关注灯的频道和组别设置,保证引闪器能成功引闪闪光灯设备,还有造型灯按钮可轻松开启或关闭造型灯等设置。总之,目前棚内影室闪光灯操作并不复杂,多操作就能很快掌握各种功能。

3. 影室闪光灯的类型

影室闪光灯主要分三种类型:单灯头闪光灯、电箱控制闪光灯、电源箱闪光灯。

(1)单灯头闪光灯

单灯头闪光灯是影棚最常用的灯具,它的电源供应、控制单元以及闪光单元都在独立的灯头里,是一种闪光灯头内置控制电箱的闪光灯,输出功率通常用瓦·秒(Ws)来表示。它的体积一般比电箱大功率的闪光灯要大,输出功率一般在150—1500Ws之间。

(2)电箱控制闪光灯

电箱控制闪光灯,由电缆直接将灯头与电箱连接,可支持多达4组的摄影棚闪光灯。由于灯头的电源和控制都在电箱上操作,与单灯头闪光灯相比,电箱控制闪光灯的输出功率更高,回电速度更快,闪光时间更短,且色彩还原更准确。

(3)电源箱闪光灯

电源箱是一种电池能提供直流电源的灯光电源箱,通常能控制多支闪光灯。它的主要功能就是为闪光灯的电池供电,有些电源箱也能在交流电和直流电之间转换,而且能给单灯头闪光灯供电。电源箱对灯的控制都在电箱的控制面板上进行,非常方便,可为闪光灯提供更大的输出功率和更快的闪光回电时间,可以用于棚内拍摄,也适用外景拍摄。

二、影室闪光灯的品牌和附件

（一）常用影室闪光灯品牌

在摄影领域，影室闪光灯作为重要的辅助光源，其品牌众多，各有特色。国外品牌有布朗、保富图、爱玲珑，国内品牌有神牛、光宝、金贝等。以下简要介绍市场占有率比较高的布朗、保富图、爱玲珑、神牛品牌影室闪光灯。

1. 布朗（Broncolor）

1958 年成立于瑞士巴塞尔的专业灯光系统品牌布朗，作为专业照明系统的领先品牌，以其高质量、可靠性和创新技术而闻名，深受专业摄影师和影视制作人员的信赖和喜爱。

目前市面上布朗闪光灯的主要型号有司诺（Siros）S 系列，适合棚拍产品、静物、人像等对闪光灯回电、色温要求没有那么高的拍摄；而司图（Scoro）S 或 E 系列适合对闪光灯回电有较高要求的体育、武术、舞蹈动作等的拍摄。

2. 保富图（Profoto）

保富图成立于 1968 年，是来自瑞典的顶级摄影灯光品牌，以可承受高负荷工作的影室灯光设备扬名世界。自从发布了配备自动模式（TTL）的电池供电式紧凑型闪光灯，保富图的系列产品获得了越来越多有才华的摄影师的青睐。

目前市面上保富图闪光灯的主要型号有 Pro-11、ProfotoD2、ProfotoB10X 及 B10X Plus。

3. 爱玲珑（Elinchrom）

1962 年，瑞士品牌爱玲珑作为灯光制造的领导者横空出世。该品牌凭借其丰富的产品线、高品质的产品以及不断创新的设计理念在摄影界赢得了广泛的认可和好评。无论是入门级还是进阶级摄影师都能在其产品系列中找到适合自己的闪光灯产品。如 D-Lite 系列主打入门市场，售价亲民且功能齐全；ELC 系列则面向进阶市场，提供更高的输出功率和更专业的性能。

目前市面上爱玲珑闪光灯的主要型号包括爱玲珑 ELC-500 TTL、ELC pro HD 1000 高速影室闪光灯、爱玲珑 D-Lite RX4 摄影灯影室闪光灯。

4. 神牛

深圳市神牛摄影器材有限公司成立于 1993 年，是一家集研发、设计、制造、销售于一体的高新技术企业，主要为摄影摄像行业从业者提供优质的灯光和影音设备。目前，神牛摄影器材已发展成为国内摄影器材行业最具竞争力和影响力的品牌之一。产品在欧美、中东、东南亚、韩国和日本等地畅销多年，深受好评。

目前市面上神牛的主要专业影室闪光灯型号有 DPIIIV 系列、QT 系列、DP 系列、SK 系列。

（二）影室闪光灯使用的附件

影室常亮灯的灯光附件并不多，钨丝灯可以用聚光罩搭配四叶片挡板来控制光线投射的范围，用一些色片或色纸来改变色温，用灯前加硫酸纸的方式来散射光线。大型 LED 灯板由于发光面积大，可以单独使用，也可以组合当软光使用，如果需要进一步柔化，也可在其前面附加柔光屏或硫酸纸，进一步柔化散射光线。但总的来说，影室常亮灯的附件一般选择的余地比较小。

相比影室常亮灯，棚内闪光灯的灯光附件种类就比较齐全。按功能主要分三类：第一类是约束光线制造阴影清晰边缘硬光效果的附件，如聚光罩、蜂巢、束光筒；第二类是散射光线制造软光效果的附件，如反射伞、透射伞、柔光箱、柔光屏、反光板；第三类是不改变光线的质量，但可实现精确光线控制的附件，如四叶片挡板等。

1. 柔光箱

柔光箱是在摄影棚内拍摄非常有用、必不可少的拍摄附件。柔光箱是通过可拆卸的连杆形成一个箱式结构，四周由白色尼龙布或银色反光布制成。将裸灯安装上柔光箱，光源发出的光线通过箱内的两层由尼龙布制成的“缓冲”层，层层漫射到被摄对象，就变得更加均匀柔和。使用柔光箱的光线造型效果，就犹如户外阴天的光线效果，阳光经过厚厚的云层，进行层层的透射及漫反射，使得照射到被摄对象表面时，光线没有固定的方向性，也没有形成浓重的明显的影子。

柔光箱有不同的尺寸和外形，按面积大小分为大型柔光箱、

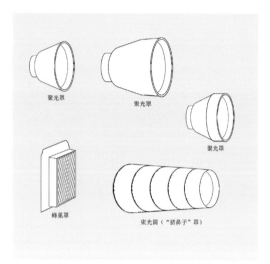

图5-1-1 影室闪光灯控光附件(一)

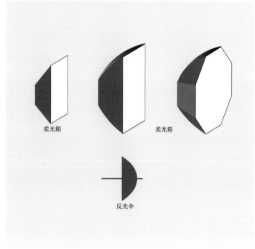

图5-1-2 影室闪光灯控光附件（二）

中型柔光箱和小型柔光箱。摄影师会根据所拍摄的对象的面积，来酌情选用合适的柔光箱，选择的关键在于柔光箱的照射面积要能覆盖住被摄主体。光源相对被摄对象越大，光线就会越柔和，因此，只有柔光箱足够大，才能制造柔和的面光源效果。

柔光箱一般会根据其不同形状来命名，如大致分为长方形柔光箱、正方形柔光箱、长条柔光箱、八角柔光箱等。不同形状的柔光箱在拍摄中有不同用法，会为影棚拍摄带来便利。如果没有那么多形状的柔光箱，也不必担忧，有时候可以用一些巧妙的方法来解决。

（1）长方形柔光箱

长方形柔光箱是影棚最常用的柔光箱，它的外形规整，主要由四根连接杆支撑，收纳也很方便。拍摄白背景人像时，足够大的长方形柔光箱可以直接充当白背景使用。还可以只留长方形柔光箱中心的一条光带，将其余部分光带用卡纸遮挡起来，这样就将长方形柔光箱改造成了长条柔光箱，就可以用于拍摄需要长条光带的场景。

（2）方形柔光箱

方形柔光箱也同样可以获得摄影师想要的柔和均匀的光线，在拍摄产品时，它可以制造出柔和边缘的优秀方形高光，多用于人像拍摄。

图 5-1-3　长方形柔光箱　　　　　　图 5-1-4　正方形柔光箱

图 5-1-5　长条柔光箱　　　　　　图 5-1-6　八角柔光箱

（3）长条柔光箱

通过其细长的外形就可以看出，长条柔光箱非常擅长制造边缘柔和狭长的光线。在一些特定的情况下拍摄，需要使用这种长条柔光箱。比如拍摄人物的全身照，这时使用小型柔光箱只能照射人物的面部，距离柔光箱位置较远的腿部和脚部就会明显比面部暗很多，如果此时使用长条柔光箱，就轻而易举地解决了由于距离而产生的这种亮度差别问题，使得被摄对象的面部和腿部、脚部都能得到相同亮度的照明。此外，长条柔光箱也可在人像中用作轮廓光，从而能有效地从背景中突出主体；还可用作夹光，小范围打亮人像的局部，形成戏剧化的效果。长条柔光箱还可以用于一些需要制造狭长光斑或光带的静物产品布光，如拍摄红酒瓶时，需要给瓶身打长条的光带来制造高光，这时长条柔光箱就有了用武之地，它能帮助摄影师获得比较满意的拍摄效果。

八角柔光箱经常被作为主光源，用于时尚、美妆和肖像摄影中。最重要的原因在于，它的独特形状可在人物眼睛中营造出引人入胜的漂亮的眼神光，让人像显得更自然、生动。

综上，不同形状的柔光箱都能在拍摄中发挥各自的长处，在摄影棚灯具比较完备的情况下拍摄人像时，摄影师会选用八角柔光箱作为主光用于侧光照明，在照明模特面部的同时可在其眼中形成漂亮的眼神光；将长方形或正方形柔光箱放置在靠近相机的位置作为辅助光，来补充人物另一侧的暗部细节；将长条柔光箱放置在人物后侧方作为轮廓光使用。但这种使用多个形状不一的柔光箱进行人像灯光造型的情况是不太多的，只有比较完备的摄影棚才能提供。在大多数拍摄中，摄影师手头的柔光箱不可能一应俱全，如果没有那么多形状的柔光箱，也不必担忧，有时候可以用其他一些附件来代替，如常用的反光板。

2. 伞

在摄影棚使用的"伞"，并不是一般我们生活中用的雨伞，而是具有独特功能的闪光灯附件。伞比柔光箱等设备要轻巧便携得多，收放自如，适合室内和外景多种用途的拍摄。众所周知，摄影器材是向紧凑、便携、适合多用途拍摄发展。近年来，在伞

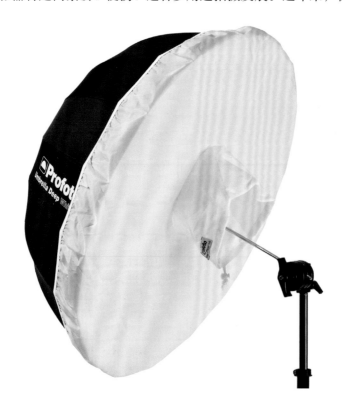

图 5-1-7　伞光扩散器

图 5-1-8　浅内白色反光伞　　　　　　　图 5-1-9　浅内银色反光伞

外形的基础上，一些灯光研发公司推出的伞光扩散器，在伞的基础上附加柔光布，可以立即成为圆形柔光箱。这样，摄影师在拍摄时就有了多种选择，既可以使用伞，也可以将伞变身为伞光扩散器（类似柔光箱）使用。

影棚中的伞主要有两种：一种是反射伞，另一种是透射伞。这两种伞的尺寸和深度都有多种选择。

（1）反射伞

反射伞主要是通过反射闪光灯泡的光线，将光照射到被摄主体上，也称"反光伞"。伞的内衬一般有两种颜色面料：一种是白色面料，称为"白色反光伞"；另一种为银色反光面料，称为"银色反光伞"。当然经过银色反光伞反射出的光线属于直接反射，光线几乎没有漫反射，所以光线的方向性和强度都更强一些。如果需要有对比度的和比较清爽、直接的光线，建议用深内银色反射伞，可形成高强度的光线输出。

（2）透射伞

透射伞（也称"柔光伞"）以半透明的尼龙布为材料制成，透射光线更加柔和，但没有柔光箱的光线效果柔和。透射伞在布光时，要将伞的整个透光面朝向被摄主体，用法类似柔光箱。由于透射伞的光线容易向各个方向散射，所以需要摄影师用遮光板或黑旗挡住不希望被光线照到的地方。

透射伞的具体使用操作：首先将裸灯的高度、角度固定好，将伞柄以倾斜的角度插进灯架预留的滑道孔。灯与伞的距离可以

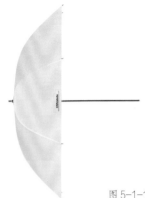

图 5-1-10　浅透射伞

通过前后滑动伞柄进一步调整，通过改变角度进一步控制光线反射后的照射范围。灯与伞之间距离越近，光线越汇集，光质越偏硬；相反，灯与伞的距离越远，光线越发散，光质越偏软，更柔和。除了灯与伞距离的关系，伞的内部弧度结构也有深浅，伞的深浅会导致灯照射伞中心后形成的光线角度不同，深结构的伞，能使光线更集中，溢出的光线更少。

3. 反光罩

反光罩是灯具在使用过程中，对光源发出的不能照在工作面上的光进行反射的一种反光器。反光罩通常呈碗状或抛物面状，设计用于捕捉并反射闪光灯发出的光线。根据反射角度的不同，反光罩可分为标准反光罩（55°）、中焦反光罩（65°）、广角反光罩（100°以上）和聚光反光罩（50°以内）等。影室拍摄中使用的反光罩的内部表面由很多银色金属曲面凹槽构成，这种设计能提高光线利用率、增强照明效果，适用于长距离的投射光

图 5-1-11　标准反光罩

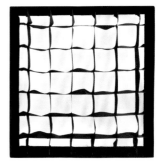

图 5-1-12　蜂巢　　　　　　　　　　　　　图 5-1-13　布质导光栅格

线，有时甚至可以用来压制强烈的太阳光。它还能提供宽泛的光束角度调整范围，可以进一步拓展塑光创意。

4.蜂巢

蜂巢，又称"蜂巢罩"，其实就是罩在闪光灯或者其他补光灯具前的一片黑色格纹的罩子，它的外形纹路像蜂窝或者方格，因此得名。补光光源发出的光通过蜂巢罩格纹后，会变得有指向性，形成由中央逐渐往外围失光的效果。

蜂巢罩的网格越小，失光效果越明显，光线照射的范围也越集中。虽然限制影室闪光灯照射范围的附件不止蜂巢罩这一种，比如束光筒也是可以控制光线的，但蜂巢罩在控制光线、渐变光平稳衰减等方面的表现都是最佳的。

蜂巢用途非常广泛，摄影师能够轻松按照自己的想法来控制和聚焦光线，起到限制光线溢出到画面其他区域的作用。

（1）硬质蜂巢

蜂巢是专门用于控制光域的附件，目前其磁吸式的设计非常方便配合灯具使用。根据束光的能力，蜂巢有不同的度数，如10°、20°、30°，度数越小，代表光线照射的范围就小。使用蜂巢拍摄可以增加光线的反差和阴影效果。蜂巢越大，光线照射的范围也越大，反之亦然。磁吸式的蜂巢可以直接用于裸灯上，也可以搭配反光罩、束光筒使用。

（2）布质导光栅格

布质导光栅格是柔光箱的附件，一般安装在柔光箱的柔光布前使用，可算作软质蜂巢。布质栅格和蜂巢的作用是一样的，用来限制光线的照射方向,可以让摄影师自由控制光线的照射方向，

 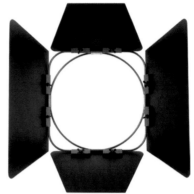

图 5-1-14 束光筒　　　　　图 5-1-15　四叶片挡板

可以控制柔光箱多余光线的溢出。在肖像摄影中，布质导光栅格可以营造有渐变背景的效果，让被摄主体更加突出。

5.束光筒

束光筒（又叫"猪嘴"）是一种塑光工具，能够显著减小光域，塑光效果干脆直接，几乎没有漏光。光线经过束光筒后会十分美丽，带有圆形效果，可以用作发光或用于其他只需照亮小范围的应用情景。

6.四叶片挡板

四叶片挡板是遮挡光线、塑造光域的有效工具，并且不会改变光线的性质。四叶片挡板的各个叶片都可以独立调整，并且可以在灯头上进行360°旋转，这样摄影师就可以用多种多样的方法、技巧控制和塑造光线，可以创造出不对称的光域。举例来说，摄影师可以使用四叶片挡板在被摄对象一侧营造锐利的阴影边缘效果，而在另一侧获得柔和、渐变的阴影边缘效果。

7.反光板

反光板是摄影师常用的一种非常便携的控光工具，一般手持就可以操作。在比较大的棚内空间，一般用泡沫板、白布制作的白旗作为反光板。棚内使用的反光板面积大小不一，有的面积非常大，如拍摄汽车时，一般要用面积达汽车面积2—3倍的反光板。而拍摄静物时只需要局部反光，一般巴掌大的反光板就够用了。摄影师在户外拍摄时，一般会携带可折叠便携式的反光板，其一般长、宽在1米左右，可以在户外轻松对人物肖像进行补光。

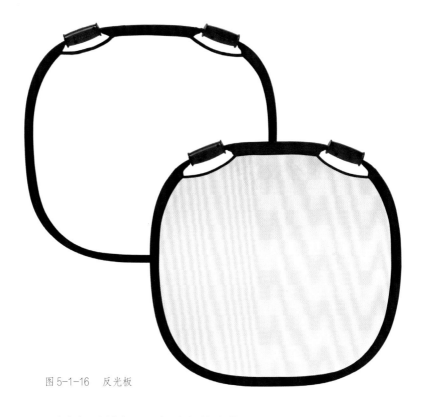

图 5-1-16　反光板

　　反光板反射太阳和闪光灯的光线，提供增光和滤光的功能。目前市面上的折叠式反光板，表面多为白色织物，有些还有银色、金色涂层。反光板可以最自然地反射光线，能为被摄主体进行补光。当在阳光较强烈的户外或在影室使用闪光灯拍摄人物肖像时，它能制造理想的光线为被摄主体进行适度补光，体现更多暗部细节和层次。

　　银色涂层织物表面反光板模拟的是晴天直射光那种强烈、对比度大的光线效果。它能提高原有光线的亮度，如果用于拍摄人物肖像，能形成硬质的光线效果，使人物的阴影清晰、分明，适合塑造比较明快、硬朗的造型。

　　金色涂层织物表面反光板可在某种程度上让反射光线的色温变低，增加更暖的光线效果，并轻微提高光线输出强度，它营造出的对比度会高于白色的同类产品。摄影师常用其模拟日落场景，或在需要获得更暖、更自然的人物肤色的情况下使用金色涂层反光板，往往可以增加拍摄画面的暖调效果。

有的反光板还有黑色涂层，摄影师一般用黑色面做遮光板使用，消除不需要的光线。摄影师使用带有黑色面的反光板，可以在照片中营造阴影效果（如在被拍摄模特儿的面颊等部位使用），帮助摄影师对被摄对象面部进行有明暗起伏的立体刻画。

　　应注意的是，由于反光板利用的是光的反射原理，所以首先其摆放的角度要准，要尝试通过肉眼观察可见光线反射到了被摄对象需要光的部位。其次，为了获得最佳补光效果，应该把它放置在距离被摄主体较近的地方，因为根据照度平方反比定律，光的照度会随着距离拉大而迅速衰减。

第二节　影室灯的基础造型作用

　　"布光是用人工光对被摄对象进行有秩序、有创作意图的布置照明。'有秩序'是指摄影师运用不同的灯种在不同的方向有先后、有主次地布置照明，使一个光位的光起到它应有的作用，并更为重要地使它们的照明效果形成整体的造型效果和艺术效果，完成艺术形象的塑造。'有创作意图'是指摄影师要运用各种灯种完成造型任务,既要很好地表现被摄对象外部的形态特征、外部形态的美，又要根据创作意图营造画面的总体气氛、影调和色调结构，并形成基调，从而使画面视觉元素构成一个整体的视觉形象，并能较好地传达出作品的情感和创作主体的情感。"[1]由此可见，布光在影室拍摄中，不仅要完成摄影语言的表达任务，更是创造性的艺术实践的需要。

　　影室灯布光的思路要清晰明确，每盏灯都有自己明确的造型任务，切勿有用灯越多越好的思想。本节将按影室灯的造型功能和作用，主要介绍主光、辅助光、背景光、轮廓光和修饰光5种主要造型光。掌握了这5种造型光的光线效果和造型作用，摄影者就能分清主次，有规划地进行分层布光。在掌握了主要造型光的作用后，摄影师可以先从单灯造型开始拍摄，体会在没有其他光干扰的情况下单灯的纯粹而不失魅力的光线造型效果。然后，摄影师要学会常用多灯进行光线造型，改善单灯的影子问题，并有助于精细刻画画面的细部，提升影像的可看性。

　　下面，我们具体分析一下，影室内5种造型光的光线效果和造型作用。

---

1. 王伟国著：《光的造型》，沈阳：辽宁美术出版社，1995 年 7 月版，第 278 页。

一、主光

主光源是棚内拍摄中第一个要考虑确定的主要造型光源，是照射到被摄主体上，为被摄影主体提供最主要光线和奠定画面主要反差效果的光源。所以，主光一旦确定，被摄主体在画面中的主要视觉效果就确定了。对于拍摄主体来说，如果主光设置在顺光、前侧光位，画面光线效果会比较明亮、明快；而主光设置在侧逆光、逆光位时，被摄主体的朝向相机面大面积会处于阴影中，画面光线效果会比较阴郁、黑暗。

二、辅助光

辅助光源是指在主光源之外修补主光照明问题的光源，起到补充照明的作用。辅助光源可以是一盏灯，也可以是一组灯。

辅助光的作用是什么呢？一是冲淡主光带来的阴影。一盏不加任何附件的主灯，其光线效果会类似太阳直射光，投射到被摄主体上会产生较浓重的阴影。我们都有类似的拍摄经验，在大晴天顶光直射光下拍摄人物肖像，模特的鼻子下方和脖子都会出现浓重的阴影。此时就需要加辅助光光源或加反光板进行补光，提高阴影暗部的亮度，使得暗部有一定细节表现。二是减小明暗区域的反差。一盏不加任何附件的裸灯，在侧光位照明人物或物体的一侧时，另一侧由于得不到光源照明会处于黑暗的阴影中，使得两侧的亮暗差距加大，会呈现明暗对比强烈的大反差效果。如果摄影师要缩小明暗区域之间的反差，让被摄主体呈现明暗反差不大、柔和的画面效果，就需要将辅助光和主光的光比控制在一定范围，如 1:2 或 1:3 的小光比范围，但要注意辅助光的亮度要略低于主光，否则就分不清主次，出现喧宾夺主、掩盖主光光效的情况。三是起到增加和美化眼神的效果，提升被摄人物眼睛的神采，有时候还会为刻画人物起到点睛的作用。所以，辅助光是影室布光中仅次于主光、需要重点考虑的造型光。

鉴于辅助光的作用，它的布光位置多在被摄对象的正面区域，靠近相机的位置，一般使用柔光箱或柔光伞这种弱化影子的软质光源。辅助光的顺光或侧顺光的光线效果，有利于冲淡主光带来的阴影以及缩小主、辅光的光比。

辅助光布光注意的要点：一是辅助光的亮度应低于主光；二是辅助光最好使用不易产生影子的软质光源，减少出现第二个影子的可能并弥补主光的缺陷。当然，也可以使用泡沫板和反光板反射主光来作为辅助光，为被摄主体暗部补光。

三、背景光

背景光光源是指主要照明背景的光源，是静物和人像摄影中非常重要的一种光源。按照个人的布光习惯，可以先布背景光，再布主光、辅助光；也可以先布主光、辅助光，然后关掉灯，再定背景光的效果。这样做是因为先定主光和辅助光，背景光对主体的影响有时候会被掩盖掉，先关掉主、辅灯，背景光对被摄主体的影响就能看得更清楚一些。

使用背景光光源的目的主要是突显被摄主体，无论是无死角打亮打匀背景，还是局部打亮背景（渐变效果），最重要的目的就是使得背景和被摄主体有明显的区分，令主体脱颖而出。著名的加拿大人像摄影大师尤素福·卡什经常使用这种方法，让他镜头下的被摄对象从简单的背景中脱颖而出，令人印象深刻。他在拍摄女性模特时，经常会使用明亮的纯白色背景，使得他镜头下的女演员都显得清新脱俗、气质优雅、魅力十足。而他拍摄男性对象时，往往偏爱使用纯黑色背景，表现出被摄对象坚毅、深邃、稳重的男性魅力，如美国著名作家海明威、美国前总统肯尼迪的肖像都是其经典之作。

有时候为了呈现画面的空间感，摄影师往往会使用渐晕效果的背景光，就是将灯隐藏在被摄对象身后打向背景，或让灯透过柔光屏从被摄对象身后投射过来，从而呈现背景中心亮，逐渐向四周衰减变暗的过渡效果（渐晕效果）。摄影师通过构图将深色被摄主体置于背景光的中心亮区，运用明暗对照法使得主体突出，背景四周逐渐变暗的渐晕效果让画面中的视觉焦点更加集中在被摄主体上，同时背景四角的暗调让画面显得更加内敛、庄重。如尤素福·卡什那张大家耳熟能详的肖像名作《愤怒的丘吉尔》，就是运用背景光的渐晕效果拍摄而成的，偏低调的肖像表现了时任英国首相丘吉尔奋起抵抗法西斯的决心和意志。

图 5-2-1 《愤怒的丘吉尔》尤素福·卡什摄

背景光的布光方法有两种：独立布光法和联用布光法。独立布光法就是有专门的灯只负责照明背景。背景布光和被摄对象布光没有连带关系，背景光的输出功率和与背景的距离都可以根据需要单独调整。联用布光法一般在手头灯具有限的条件下使用，可能照射被摄对象和背景的是同一组主、辅光源，这时候只能调节主辅灯与被摄对象、背景之间的距离来调节背景的亮度。

在实际拍摄中，摄影师会根据具体的拍摄需求和条件选择适合的布光方法。独立布光法更适合需要精细控制背景光线的场景，而联用布光法则更适合资源有限或需要快速布光的场景。

四、轮廓光

轮廓光也是摄影棚内常用的造型光，特别是在"暗对暗"的情况下，如被摄对象穿着黑色衣服，背景也是黑色的情况。这种情况下，被摄对象和背景无法区分，就需要使用轮廓光，以在被摄主体边缘制造明亮的边缘线，将被摄对象的形态很好地突显出来，成为画面的视觉中心。轮廓光可分为全轮廓光和部分轮廓光。全轮廓光，一般指灯在被摄对象的正后方，灯与被摄对象、相机呈180°逆光，此时大部分灯光隐藏在被摄对象身后，一小部分用于勾边，在人像拍摄时，能勾勒出左右对称、清晰完整的轮廓边缘。有时候不需要勾勒被摄对象的全部轮廓，只需要勾勒部分轮廓，这时侧逆光是很好的选择。在被摄对象的侧后方高一点的位置布置一盏灯，往往既能起到轮廓光的作用，使得主体部分从背景中分离出来，又可以起到发光的作用，让被摄对象头发的细节更好，看上去神采奕奕。

使用轮廓光应该注意以下几点：

第一，一般来说，主光是整张图片中最亮的光线，但在主光和轮廓光同时应用时，为了突显描边的效果，轮廓光一般比主光要亮半挡到1挡，在测光时要注意控制主光与轮廓光的光比。

第二，轮廓光一般是模拟自然界早晚有一定角度的光线，所以灯位设置得过高或过低都会对光线效果有影响。

第三，轮廓光在"暗对暗"的场景中更适用，不适用于亮背景，否则轮廓光会被高亮的背景"吃掉"，完全看不出轮廓光的效果。

五、修饰光

修饰光光源是指在拍摄中需要增加灯光，用于点亮、刻画画面中重要局部的光线，如眼神光、发光等。修饰光主要是起到小范围修饰被摄对象局部的作用，所以一般使用小型的聚光灯，必要时需要加束光筒，再加蜂巢、四叶片挡板来控制光线扩散的范围，只照亮摄影师想要提亮的被摄对象局部。如在拍摄红酒瓶时，虽然酒瓶是画面中的主要被摄对象，但红酒的标签作为商品承载重要信息的部分也需要交代完整，这时就需要用单独的灯照亮酒瓶上的标签，这盏灯起到的就是修饰光的作用。

第三节　单灯照明造型

　　单灯造型是指摄影师只用一盏灯来完成整个画面的光线造型。本节主要介绍单灯作为主光，对被摄主体或被摄主体的主要部位进行照明，形成独特的画面造型效果。

图 5-3-1　单灯拍摄室内肖像。贾婷摄

图 5-3-2　棚内单灯造型人像　陈可摄　　　　　　　图 5-3-3　棚内单灯造型人像　王宝婷摄

　　单灯照明对于摄影师来说，既是挑战又是机会。挑战就是要想用一盏灯解决所有布光的问题是不太可能的，单灯造型对被摄主体和环境的局部控制不如多灯造型那么丰富，必要时摄影师可借助反光板对被摄主体暗部细节进行补光。机会就是单灯照明能让摄影师从复杂布光的困扰中解脱出来，用简洁纯粹的光线来进行造型，更能把控被摄对象姿态、情绪的瞬间。所以，单灯拍摄可以给摄影师更多的自由和空间，使拍摄回到摄影艺术的本真，让人对摄影作品的内核有更多的思考。

　　对于棚内灯光拍摄的初学者来说，掌握单灯照明对棚内拍摄尤为重要。有条件的话，可以从拍摄石膏像开始练起，一个石膏像虽然是无生命的，但不同角度的灯光往往会赋予石膏像不一样的生命和气质（详见第一章第二节）。摄影者在拍摄前一定要对所拍摄石膏像的外形进行细致入微的观察，而且要在拍摄前预设一个拍摄效果。比如要拍摄一个低调的画面，可能要选择黑色、深灰色的暗调背景，通过照度的平方反比定律，调整被摄主体和背景的距离，让照射被摄主体的光由于行进距离产生衰减而不影响背景，使得背景保持一个暗的基调。

对于负责照明被摄主体的单灯，怎么照明才能符合低调照片的特质呢？我们通过之前学习的光线角度的知识，从一些摄影大师的作品中可以得到单灯营造低调照片的秘诀。从光线的角度来分析，顺光、侧顺光会照亮画面的大部分，画面比较明亮。当侧逆光、逆光主要照明被摄主体时，被摄主体朝向相机部分的受光面积就比较少，被摄主体容易处在黑暗的阴影之中，比较符合画面低调的气氛。因此，在只用一盏灯照明的情况下，把这盏灯用作逆光轮廓光或侧逆光，可以使被摄主体边缘呈现小面积的高亮区域，进而使被摄主体从暗色基调的背景中分离出来，起到突出被摄主体的作用。

在单灯照明拍摄中，初学者可以多练习变换灯的高度、角度，并练习变换灯的附件，这样就可以充分体悟灯在不同高度、不同角度带来的不同画面效果，也可以逐渐体会到不同附件在闪光灯照明中带来的细微变化。

第四节 多灯布光造型

多灯布光造型是指摄影师运用两个或两个以上的光源对被摄对象进行照明。需要指出的是，并不是灯布得越多越好，而是需要根据被摄对象进行合理的布光，最大限度地为摄影光线造型服务。本节主要以双灯布光和超过双灯的多灯布光的棚内人像摄影为例，帮学习者了解掌握布光的方法和每种造型光在摄影中所起到的至关重要的作用。

一、双灯布光

摄影师使用两盏灯比单灯拍摄，光线造型的空间更大，能发挥更多的创造力。往往主光源决定画面的主要造型效果，确定画面的基调。通常第二盏灯用作辅助光，来消除主灯带来的阴影问题，并可以改善亮暗部分的反差，控制光比。所以，摄影师使用双灯造型要更多地控制光线，控光难度比单灯或不用灯拍摄要大。在双灯布光造型中，第二盏灯除了用作辅助光，还可以用作背景光、轮廓光、修饰光，不同的布光方法和位置会产生不同的画面效果。

双灯的常用布光法包括主光＋辅助光、主光＋背景光、主光＋轮廓光三种。

（一）双灯布光案例：主光＋辅助光（见图 5-4-1、2）

在棚内使用主光＋辅助光的双灯布光方案时，摄影师并不是一上来就开始布灯，而是要先考虑把背景处理干净，制造相应的环境气氛。那么问题来了，主光和辅助光都是对被摄主体进行造型的，那背景该怎么处理？自然就要借助主光和辅助光的光线，所以被摄主体势必不能离背景太远。这个时候灯光首先要保证对被摄主体的照明效果，背景的亮暗只能通过调整它与主灯、辅灯的距离来决定。举例来说，如果要把背景处理成纯黑的影调，可以让被摄主体远离背景，一般在 3 米以上，这样光线能照射到被

图5-4-1 双灯布光拍摄室内儿童肖像。贾婷摄

图5-4-2 双灯布光拍摄室内儿童肖像。贾婷摄

摄主体，但照射不到背景，不会对背景构成影响。

在使用双灯布光拍摄人像时，一般主灯设置在与相机光轴呈45°角的位置，略高于被摄主体头顶位置1米左右，这样的侧光能塑造出很好的人物立体感，略高于人物主体的光线也能很好地修饰人物脸型。这时，人物距离主灯较近的脸部一侧得到很充分的照明，另一侧会形成一定的阴影，而且如果主灯是裸灯（硬质光源）的话，就会形成比较深的边缘明显的阴影；即使是柔光箱或透射伞照明，也会形成比较浅的边缘比较柔和的阴影。这时，可以考虑将辅灯靠近相机，放在需要冲淡阴影的一侧，同样灯的高度要与主光位置一致，要略高于人头顶1米左右。

需要注意：一是辅助光的强度要略低于主光，辅助光不能掩盖主光的光效，只是起到一定程度地提亮阴影、显现阴影部分细节的作用；二是交叉光的问题，特别是主光和辅助光都使用硬质光源的话，当辅助光偏离相机光轴的位置时，主、辅光容易形成交叉光，在人物脸部左右两侧都形成明显而边缘清晰的阴影，这些阴影交织在一起，会给人以不舒服的杂乱感。这时，将辅助光源移动到靠近相机光轴的位置，或辅助光源使用柔光箱、柔光伞，就可以解决交叉光的问题。

（二）双灯布光案例：主光＋背景光（见图 5-4-3）

前文提到过，被摄对象身着黑色衣服在暗背景下拍摄时，需要使用背景光或轮廓光，使得人物主体与背景分离，起到突出被摄主体的作用。拍摄这张照片时，主光使用了一盏灯，并打了一个高位侧顺光，从人物的短侧（远离相机侧）布光，使人物脸型更显瘦、更立体。第二盏灯作为背景光，放在人物的身后从下往上打光，制造出一个背景由中心亮到四周暗的舒缓的渐变效果。在构图方面，作者把被摄主体放置在背景光照射的亮区，使得主体与背景影调很好地分离开，同时营造出了背景的空间感和深邃感。

（三）双灯布光案例：主光＋轮廓光（见图 5-4-4）

在暗背景下拍摄人像，主光对被摄主体进行照明，照明重点是人物面部，摄影师可以根据人物选择主光对人物的长侧或是短侧（详解见第七章第二节）进行照明。大多数摄影师喜欢选择从被摄对象的短侧照明开始，将主光放置在一侧靠近模特，并升高

图 5-4-3　双灯布光拍摄室内肖像。高礼源摄

图 5-4-4 双灯布光
拍摄室内肖像。彭焕彬摄

至略高于模特头顶半米的位置,此时能看到模特的基础造型效果。如果模特靠近相机一侧的脸部由于单灯照明阴影过重,可以在阴影一侧使用白色反光板进行补光。在与主光呈对角线的位置,模特后方高位可以使用一个蜂巢罩加反光罩的灯用作轮廓光,这样做一是使得模特更有神采,二是使模特和背景呈现分离效果。

二、超过双灯的多灯布光

这里的多灯布光主要指使用超过双灯的多个光源对被摄对

129

象进行照明的布光情况。它需要摄影者有缜密的计划和布光思路，对每一盏灯的作用都了然于心，且对每一盏灯都做比较精准的控制。自然这需要有一定经验的摄影师才能高效完成，展现出多灯布光精细雕刻画面细节的效果。

（一）多灯布光的难度

多灯布光因为有更多器具及组合可能，自然较单灯和双灯布光更加复杂和有难度。一是多灯会增加现场控制的难度，要避免多灯之间的互相干扰，确保主灯和整体的效果。二是多灯布光会降低布光的效率，每盏灯的调校试光、增加附件都需要一定时间，所以能用反光板等便捷方法解决的话，就尽量不要布多灯。

对于初学者，为了提高拍摄效率，可以在拍摄前准备好拍摄样片，分析样片中用灯的数量和布灯的位置、高度，最好事先画好布光图。在影室正式拍摄时，被摄主体位置确定后，就可以按照样片和布光图进行依次布灯。布光的顺序并无定则，可以先布主光，再布其他造型灯光；也可以先从背景光开始，再逐层布光，摄影师根据个人习惯操作即可。最后，再根据试拍情况，具体微调灯的位置、功率输出和与被摄对象的距离。这样就不会因为大动灯具而浪费过多的拍摄时间。

（二）多灯布光的流程

多灯布光往往能更精细地刻画被摄对象的局部和环境，使画面有更丰富、更创造性的光线效果。在多灯布光中，要根据造型的需要进行布光，还要按照棚内布光的流程进行操作。灯要一盏一盏加，联机在电脑屏幕上实时地观察布光的效果，以免画蛇添足。

大多数摄影师的布光流程：首先，定主光，主光的位置定了，画面的主要基调就定了，被摄对象最主要的造型效果基本显现；其次，添加辅助光，冲淡主光造成的阴影，调节亮部和暗部的反差；再次，考虑是否添加背景光或轮廓光，这样能起到改善画面中被摄对象暗部，使其从背景中突显出来的效果；最后，可以考虑添加增强局部效果的修饰光，比如小范围的发光、为背景上置景的修饰物局部加光等，从而使画面中想突出的细节更为吸引人。

　　在确定每盏灯的亮度方面，无论是常亮灯还是闪光灯，都要以主光的亮度为基准，先定主光亮度。一种方式是根据显示器呈现的画面效果进行大致调整，在主光达到摄影师的要求后，依次打开辅助光、背景光或轮廓光、修饰光。按照画面的显示效果定下主光的亮度后，对每盏灯的输出做微调。一般轮廓光比主光稍亮一级，勾边的效果会比较好。其他灯的亮度都不能超过主光，以免出现多个主光的问题。另一种比较严谨的方式就是使用测光表，监测控制每一盏灯的数值。当然，这种方式需要摄影师对参与拍摄的每一盏灯或每一组灯进行照度测量。先测主光定闪光曝光的数值，再关掉主光测辅助光，依次测背景光和轮廓光、修饰光。注意，一定要根据想要达到的造型效果来确定光比，尤其是要确定主光和辅助光的光比。

　　1. 多灯布光案例 1（见图 5-4-5）

　　拍摄者布灯思路：被摄对象身着白色背心在红色背景前拍摄，整体环境较暗，需要通过对背景补光来突出人物。同时在造型时

图 5-4-5　室内多灯光
线造型人像。王宝婷摄

为人物适当添加了金属配饰，并利用光线体现其质感。拍摄这张
照片共用了三盏灯，主光是位于人物右上方的高位侧顺光，较硬
的光在人物脸上形成阴影，体现出五官的立体和男生硬朗的气质。
第二、三盏灯均用于对背景进行塑造，一盏位于人物右上方高位，
另一盏则位于人物左下方，两侧的光在背景上形成对角线渐变的
效果，突出了人物，增加了照片的时尚感。在构图方面，摄影师
利用人物本身的肌肉线条和动作形成一个倒三角，使整个画面主
体突出，同时也利用背景的渐变，使人物与背景亮区形成对应，
营造出空间感的同时也增添了几分戏剧效果。

2. 多灯布光案例2（见图5-4-6）

拍摄者布灯思路：此肖像由三支灯布光拍摄而成。被摄对象
身着深色衣服，肤色较深，处于黑色背景下，因此要通过较为鲜
艳的色光来拉开人物与背景之间的层次，同时对画面起到不一样
的视觉和装饰效果。在被摄模特左右两侧各设一盏灯，均与相机

图5-4-6　室内多灯光线造型人像。曾韵佳摄

图5-4-7　室内多灯光线造型人像。徐佐摄

呈 90°，在灯前分别加黄、蓝两色滤色片，制造冷暖对比的夹光，同时影响到背景上的色光也能使得场景呈现由暖至冷的过渡。第三盏灯由模特右侧打侧逆光进行暖调的加强，控制画面整体主色调偏暖，营造出冷与暖的冲突装饰效果。

3. 多灯布光案例 3（见图 5-4-7）

拍摄者布灯思路：尝试拍摄出油画质感的人像。拍摄这张照片总共使用三盏灯，主光为高位前侧光。柔光箱塑造出柔和的光线，适宜被摄对象温和的形象，同时表现出作品追求的油画风格；宽光照明（详见第七章第二节）打亮人物面部，使五官更清晰、面部过渡自然。高位灯使人物整体被打亮，线条与服饰细节也得以充分展现。

使用低位灯加蜂巢塑造边界分明的眼神光，使被摄对象更加灵动，符合少女的人物形象。低位灯光同时补充了原本光线不足的手臂、裙摆等区域的照明，使画面整体光线得到平衡。

修饰光采用高位侧逆光、透射伞反打塑造较为柔和的发光，有助于展现头发层次，也将与背景颜色接近的头发从背景中分离出来；同时勾勒被摄对象的额头与侧脸，打亮原本主灯阴影下的脖子、锁骨和胸口等部位，展现被摄对象多层次的美感。

背景上，为追求更加深邃的黑色效果，选用黑色绒布作为背景。无法选择背景材质时，也可以考虑使被摄对象和灯光远离背景，背景受到光线的影响越小，越能呈现深邃的效果。

拍摄练习：

1. 棚内单灯前侧光照明拍摄石膏像一张。

2. 棚内单灯侧逆光照明拍摄石膏像一张，可适当补光。

3. 棚内双灯主光＋辅助光照明拍摄人像一张，要求主、辅光的光比为 2:1。

4. 棚内双灯主光＋背景光照明拍摄人像一张，要求背景光为渐晕效果，主光亮度应高于背景光，以保证对人物充分照明。

5. 棚内多灯主光＋辅助光＋修饰光照明拍摄人像一张，要求能分辨三盏灯的光效，并有利于人物造型的传达。

第六章　棚内拍摄玻璃、金属制品的布光技巧

中国大诗人苏轼在《超然台记》中说："凡物皆有可观"，意思是万事万物都值得一看，都能从中找到快乐。中外不同历史时期的艺术家都对静物情有独钟。静物主要指大部分无生命的事物以及典型的普通物品，静物，本义指没有生命的物体，更多是用于美术方面的术语。它指的是静止的绘画或摄影对象，如水果、花草、器物等。在美术领域，静物画是以日常生活中静止的物体器具为描绘对象的绘画。在摄影中，静物摄影则是一种专注于拍摄静止物体的摄影类型。静物的种类繁多，本章主要介绍棚内拍摄中比较难的玻璃制品和金属制品的布光技巧，在掌握高反光材质处理的基础上，学习者能在摄影实践中领悟细节处理的重要性。

第一节 玻璃制品拍摄布光的基本要求和 涉及原理

玻璃产生的反光基本上属于直接反射，这种直接反射通常杂糅偏振反射。在日常的拍摄中，我们可以通过在镜头前加上偏振镜，来尽量消除偏振光造成的成像质量问题。

玻璃制品的拍摄最重要的是控制环境杂光的影响，表现通透、干净的玻璃质感和外形。大多数玻璃制品是透明的，从多角度照射到玻璃制品边缘上的光线并不能直接反射到观者的眼里，这会造成玻璃制品的边缘不明显，轮廓不清晰，无法突出整个玻璃制品的外观形状。所以，本节棚内布光拍摄的重点就是表现玻璃制品通透的质感以及优美的外形。

玻璃制品表面的反射光是一个常见的物理现象，它遵循光的反射定律。当光线遇到玻璃表面时，部分光线会被反射回去，形成反射光。这种反射光的强度和特性取决于多个因素，包括玻璃的材质、表面处理、光源的角度和强度等。拍摄玻璃制品的过程中，一方面要想方设法减少环境中对玻璃制品拍摄有影响的反光物品，如靠近玻璃制品放置的柔光箱、反光板、灯架杆等设备，可以通过调整角度或使用遮光板来减少这些物品反射对玻璃制品拍摄的影响，甚至摄影师穿着的浅色衣服，也有可能严重影响画面效果；另一方面摄影师要利用规则反光给玻璃制品制造勾边效果，或使用亮主体、暗背景的明暗对照方法，都会使玻璃制品的外形更加突出。摄影师在棚内拍摄玻璃制品静物时，需要根据其外观进行造型布光，并在拍摄中不断调整，这是一件极其需要耐性的拍摄工作，但要相信"功夫不负有心人"！

棚拍玻璃制品，拍摄前的准备工作是必不可少的：

第一，准备杯壁薄厚适中的玻璃制品（在拍摄中厚杯壁的玻璃杯更容易产生光的折射和散射，导致光斑）。

第二，清洁玻璃制品（用洗涤灵冲洗玻璃制品，要不留水渍，拍摄时要吹干，清除灰尘）。

第三，清洁静物台、倒影板。

第四，准备好拍摄需要的必备道具，推荐 A3 纸大小的多用途的遮光板、反光板、色纸、色片等。

第五，调试棚内灯具，连接引闪器并检查其能否正常工作。

第二节　亮背景勾暗线造型和暗背景勾亮线造型

亮背景勾暗线和暗背景勾亮线是棚内拍摄透明玻璃制品的两种基础布光造型方法，如果处理得当，能够鲜明、简练地体现玻璃制品的质感和外形轮廓。

一、亮背景勾暗线造型

亮背景勾暗线造型效果棚内拍摄透明的玻璃制品造型要点：一是要确保亮背景的纯净、均匀、无瑕疵；二是要保证玻璃制品正面尽量不要有明显的环境反光；三是要制造出玻璃制品边界清晰的轮廓线，以突显物品外形的线条感。

要获得亮背景勾暗线造型效果的玻璃制品造型，拍摄白背景时的布光方法主要有两种：反射式布光法和直射式布光法。

（一）反射式布光法

反射式布光法，简单说就是通过打亮背景，让背景光从后方反射到玻璃制品上，使得玻璃制品有明亮通透的效果。这种布光方法通常适用于棚内灯具比较充足的情况，最好使用两盏灯来完成。反射式布光，要选择接近白色的背景，朝向背景左、右各放置一盏灯（最好两盏灯的型号、附件、输出功率一样），并以大角度、相同的距离照向背景，以获得均匀、明亮的白色背景。

使用这种布光法时要注意：

第一，构图时使用合适的景别，根据光线角度覆盖的区域，会出现背景中心亮逐渐向四周衰减的问题。所以，它不适合拍摄景别比较大的画面，白背景的四周会出现暗角。

第二，需要两盏灯，以相同的角度、附件以及输出功率照向背景。所以，遇到一些手头灯具较少或拍摄空间比较狭窄的拍摄空间，这种布光方法就不太适用，而且挪动两盏灯总比挪动一盏灯要麻烦、费时得多。

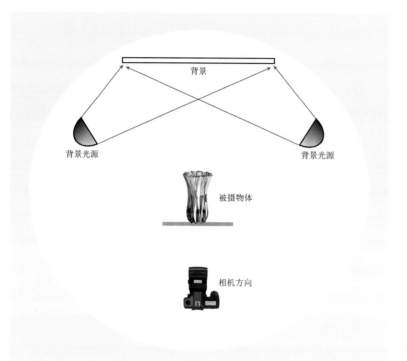

图 6-2-1 反射式布光中均匀照明的白背景示意图

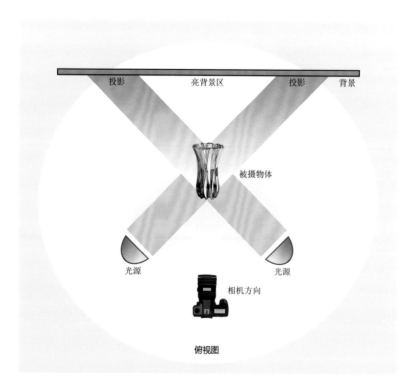

俯视图

图 6-2-2 反射式布光中白背景中心亮、四角暗的效果示意图

（二）直射式布光法

直射式布光法可以轻松地用一盏灯制造出纯净的白背景效果，目前是棚内拍摄中小型玻璃制品的首选布光方法。

在棚内一盏裸灯前加上柔光箱，将柔光箱放置在玻璃制品后方，直接以柔光箱为背景进行拍摄，通过柔光箱的漫射光，形成柔和且均匀的白色背景光。

如果在试拍后感觉灯的亮度比较高，"吃掉"玻璃制品的边缘比较多，解决方法有两种：一是可以拉大玻璃制品和柔光箱之间的距离，需要的话可以在其间再增加一层柔光屏，这样做既降低了光线的亮度，又能达到光线散射更加均匀的目的；二是直接降低灯的输出功率。

以上是亮背景勾暗线玻璃造型制造白背景的两种主要方法。在拍摄过程中，摄影师需要格外控制对白背景的测光和定光。棚内最好使用闪光测光表，用照度测量的方式，把测光表设置在测闪光模式，贴近白色背景或柔光箱测量，在测得曝光数值的基础上给相机加2—3挡曝光，这样做的目的就是让背景过曝，

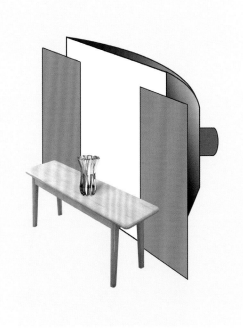

图 6-2-3 单灯亮背景勾暗线造型效果示意图

获得干净的白背景。但分寸要把握好，最好不要由于过曝"吃掉"玻璃制品自身的太多边缘，能隐隐地看清玻璃制品边缘线就可以了。最好用连线或用无线传输的方式将照片导入电脑，在电脑的大屏幕上观看大致的画面效果，并放大检查背景中有没有照明不均匀或暗角问题。

在获得干净的白背景后，下一步就是强化玻璃制品的边缘线，强化其外形轮廓。摄影师可以通过手头的黑色卡纸、遮光板等道具靠近玻璃制品的边缘，为其加强黑线效果。

需要注意两点：一是黑线加得要适度，黑边太细（黑卡离玻璃制品太远），玻璃制品的轮廓效果不明显，黑边太粗（黑卡离玻璃制品太近）又会使得玻璃制品显得笨拙、不够美观；二是玻璃制品两侧加的黑边要均匀，一边粗一边细会严重影响观感。摄影师最好在相机或电脑显示器中实时观看，让助手帮助移动两侧黑卡的位置，这样更易于把控画面。拍摄多个玻璃制品时，可以单独拍摄每个玻璃制品，再通过拼接的方式将其合成为一张照片。

渐变效果呈现从亮到暗的过渡，可以消除影像扁平化的感觉，让被摄对象更加立体，且背景会有深邃感，突出空间感。在亮背景勾暗线的光线造型基础上，摄影者可以尝试背景渐变效果的布光方式，用一盏灯就可以完成渐变背景效果。

具体方法是，用一盏裸灯透过硫酸纸或静物台亚克力板进行

图 6-2-4　未加黑边的玻璃杯造型效果。贾婷摄

图 6-2-5　用黑卡纸为边缘加黑边的玻璃杯造型效果。贾婷摄

图 6-2-6　修饰后的玻璃杯亮背景勾暗线造型效果。贾婷摄

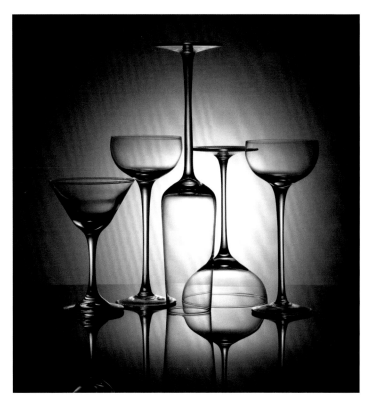

图 6-2-7 玻璃制品背景渐
变拍摄造型效果。龚雨诺摄

图 6-2-8 玻璃制品背景渐
变拍摄造型效果。方智轩摄

打光。渐变边缘的虚实效果要靠调节灯与硫酸纸或静物台亚克力板的距离来控制：距离越近，渐变范围越小，边缘越清晰；距离越远，渐变范围越大，边缘越虚化。

需要注意的是，要根据玻璃制品的位置、面积来调节灯与硫酸纸或静物台亚克力板的距离。要让灯的光心覆盖画面的主要区域，也就是主要表现的玻璃制品的边缘要在亮背景的衬托下完全显现出来，而不能让玻璃制品的黑线隐没或融入没有光照射的黑暗区域。这样做就可以得到影调较为丰富，背景渐变的玻璃制品勾暗线的拍摄效果。

二、暗背景勾亮线造型

暗背景勾亮线的玻璃制品造型要点：一是保证黑背景的纯净、均匀、无瑕疵；二是要保证玻璃制品正面尽量不要有明显的环境反光；三是要制造出玻璃边界清晰的亮轮廓线，以突显物品外形的线条感。

暗背景勾亮线的布光方法也主要有两种。

第一种是使用暗背景（灰色、黑色），利用照度平方反比定律，让拍摄的玻璃制品远离背景，通过拉大距离的方法让画面中的背景衰减为纯黑色。具体操作：将玻璃制品放置在倒影板上，在其侧后方两侧约135°角位置放置两盏灯，且最好在灯前加上长条柔光箱或用灯棒制成细长的光带，制造侧逆光勾亮线的效果。拍摄中要注意控制玻璃制品边缘亮边的宽窄，过宽的亮边会降低画面的清晰度，增加不必要的视觉干扰。而且过宽的亮边也会造成画面中玻璃制品不美观，缺乏真实感。所以要适度调整侧逆光的光源与被摄对象的角度和位置。

第二种布光方法是用一盏灯完成的，更适于器材有限、拍摄空间比较小的环境。操作方法：直接使用一个长方形或正方形柔光箱作为背景，在柔光箱前用大面积的黑卡纸进行遮挡，保留两侧两条狭长的缝隙。由于卡纸挡住了柔光箱中心区域大部分的光线，可以轻松制造出黑色背景效果。此时，没有被黑卡纸遮住的柔光箱两侧边缘的狭长亮区，能起到暗背景中勾亮线效果。这种一举两得的布光方法为商业、静物摄影师常用。

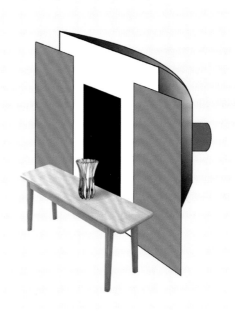

图 6-2-9　单灯暗背景勾亮线造型效果布光示意图

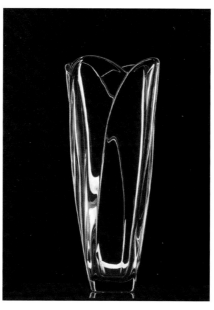

图 6-2-10　玻璃花瓶暗背景勾亮线造型
效果。贾婷摄

图 6-2-11　玻璃制品暗背景
勾亮线造型效果。曾韵佳摄

对于暗背景勾亮线的玻璃制品造型，在拍摄中需要注意一些问题：

一是防止平面化。只是注意将玻璃制品的边缘勾勒出来还是不够的，因为玻璃反光的表面质感不强，会让人感觉平面化，所以要在画面中适度地制造高光区域，这对表现玻璃质感至关重要。但要注意高光区域不能太多，否则会导致画面的视觉中心分散，给人杂乱的观感。

二是防止眩光。用暗背景勾亮线的布光方式拍摄玻璃制品时，有可能产生糟糕的眩光，有时会使影像边缘产生灰雾和条纹，造成影像画质的整体下降。这时要考虑在相机前方加设黑旗，以遮挡多余的光线进入镜头。

三是防止环境光的反射。如果使用连续光源，由于相机的长时间曝光会纳入很多环境光，对于玻璃制品有严重的影响。这时要注意清除拍摄环境内对被摄玻璃制品产生影响的物品，如地面的反光、灯具杆的反射等干扰画面的因素。

前文提到的亮边的宽窄控制也是一个重要注意事项。

综上，亮背景勾暗线以及在此基础上的渐变背景布光和暗背景勾亮线这几种布光方法都是突显玻璃制品质感和外形线条的重要造型方法。虽然，操作步骤并不复杂，但是要想拍摄高质量的玻璃制品照片还要注意一些细节问题。特别是如何拍摄干净的纯影调背景，如何控制环境反射光，如何进行测光和曝光……拍摄者要掌握拍摄中的基本用光原理和造型方法，注意在拍摄的细节控制方面下功夫。

第三节　给玻璃制品增加色彩和动感效果

　　玻璃制品的光线造型并非只有单纯的布光，结合色彩和动感会呈现出更加丰富的光线效果。

一、在玻璃制品拍摄中植入色彩元素

　　在拍摄玻璃制品时，如何增加影像造型的丰富性，让影像更有可看性，是摄影师需要考虑的问题之一。色彩，是制造照片氛围、引发观者情感共鸣的重要元素。

　　植入色彩元素不失为一种为玻璃制品拍摄注入活力的好方法。具体方法有如下几种：

　　一是可以利用彩色背景为画面制造色彩感。在拍摄玻璃制品时，我们除了用黑、白、灰色作为干净的背景色，还可以尝试用有颜色的色纸、背景布、可变色温的 LED 灯作为拍摄背景。不同色相、明度、饱和度的颜色背景与主体搭配都会有不同凡响的视觉效果。如明度高、色彩饱和度低的颜色可以给人淡雅清新的感觉，如亮黄色、淡绿色常用来拍摄一些清新凉爽感的主题，如雪碧、鸡尾酒等商业广告经常使用这些淡雅清新的颜色。明度低、饱和

图 6-3-1　玻璃制品植入彩色和动感元素造型效果。徐艺玮摄

图 6-3-2 玻璃制品
植入彩色元素造型效果。
徐佐摄

图 6-3-3 玻璃制品
植入彩色元素造型效果。
高礼源摄

度高的颜色背景会给人以庄重、沉稳、典雅的视觉感受，如拍摄红酒、威士忌就很适合使用纯正的红色、橘色等暖色调背景。

二是可以在玻璃制品拍摄中适当加入有颜色的道具，作为适度的点缀。基于消色原理（即无色彩，主要指黑、白、灰三种颜色，它们和任何颜色搭配都可以形成和谐的视觉效果），利用这一视觉构成法则，针对以黑、白、灰色为背景色的玻璃制品，可加入少量有颜色的道具作为陪衬或直接在玻璃制品中加入有颜色的液体，都可以得到完美的色彩效果。如：在透明花瓶中插入几支红色花朵，在红酒瓶旁放几串诱人的葡萄，或是在玻璃杯中倒

图 6-3-4　玻璃制品植入彩色元素造型效果。耿敬知摄

图 6-3-5　玻璃制品植入彩色元素造型效果。卢泳怡摄

图 6-3-6　玻璃制品植入彩色元素造型效果。贾鑫瑗摄

入诱人的红酒或有颜色的液体，多种方式都可以增加拍摄玻璃制品画面的色彩效果。拍摄时要注意，在玻璃制品主体打光合适的前提下，适度为道具加修饰光，可使其色彩更加鲜明突出。

三是通过在灯具前增加滤色纸或滤色片，为玻璃制品局部增加色彩。如果摄影师想改变局部色彩效果，更有创造性地运用光线造型，可以使用这种方法。背景、主体、前景等任意位置都可以使用这种方法。如在背景光源前加橙色滤色纸或滤色片，前景被摄对象置于添加了蓝色滤色纸或滤色片的光源下，就形成了前景色和背景色冷暖对比的画面效果。

四是通过后期调整白平衡，整体改变影像色调。在前期拍摄完成后，可以通过后期 PHOTOSHOP、CAPTURE ONE 等软件进一步精细化处理，对色彩进行调整。

二、在玻璃制品拍摄中植入动感元素

玻璃制品单独拍摄难免给人以静态呆板的感受，所以摄影师常常会在构图、色彩、道具上做文章。一方面考虑制造一个与玻璃制品相关的环境空间或环境氛围，如拍摄玻璃杯、红酒瓶，需要布置一个餐桌或酒吧、酒窖的环境空间，让画面更有代入感；另一方面就是给画面植入动感元素，特别拍摄商业用途的静物，灵动的影像会增添画面的新鲜感和趣味性。

在玻璃制品拍摄中植入动感元素主要有如下几种方法：

一是利用构图的方式使一些玻璃制品中的液体呈现失重的状态，从而制造出动感的错觉。

二是用液体等物质的飞溅来打破玻璃制品静物的静态表现，可以向玻璃杯中投掷冰块或快速移动酒杯中的酒来制造液体飞溅的画面。这种效果只有用棚内闪光灯的高速同步功能才能完成，常亮灯是无法捕捉到如此快速的瞬间画面的。

三是使用光绘的手法来为玻璃制品制造虚实结合、动感增加的画面效果。

以上三种为玻璃制品静物增加动感的方法都是摄影师在棚内拍摄经常使用的方法。当然，摄影师还需要尝试更多出彩的造型方法为画面制造感效果。摄影者可以多实验、多尝试！相信会有意想不到、令人欣喜的拍摄体验。

图6-3-7 玻璃制品植入动感元素造型效果。方智轩摄

图6-3-8 香水瓶动感造型效果。
杜镇宇摄

图6-3-9 玻璃制品植入动感元素
造型效果。朱昱颖摄

图6-3-10 玻璃制品植入动感元素造型效果。孔德钧摄

第四节　不透光的玻璃制品拍摄——红酒瓶

　　红酒瓶是一种比较特殊的玻璃制品，为了便于红酒的保存，它是由不透光的黑色玻璃制成的。对于这类玻璃制品，拍摄的思路也是基于之前讲过的暗背景勾亮线方法，但是在拍摄手法上略有不同。目前电商平台展示图片的拍摄方法大多使用白背景，由于红酒瓶是黑玻璃外观，所以省去了勾暗边的处理环节，直接形成主体突出的画面效果。但是在"黑对黑"的场景下，就要基于暗背景勾亮线的造型做法，为红酒瓶勾出轮廓边缘，使得酒瓶和背景区分开。

　　在棚内拍摄红酒瓶时，首先，还是要屏蔽掉现场的环境光，保证只有棚内的灯具发出的光参与曝光；其次，进行分层布光，可以先从背景开始，也可以先从被摄主体红酒瓶开始，摄影师可以根据个人的布光习惯操作。

　　这次我们会提升拍摄难度使用多灯造型来完成以红酒瓶为主体的静物照片拍摄：制造一个渐变效果的暖调背景。可以将作为背景光的一盏灯前加暖调滤色片（一般选用橙色），并置于静物台后方由下向上打出渐变效果。也可以从背景一侧的斜上方向下打一个渐变效果。不管是从上往下打光，还是从下向上打光，最主要的是灯不能进入画面穿帮，并能很好地营造出一种休闲放松、适宜饮用红酒的环境气氛。

　　要将由黑色玻璃制成的红酒瓶与暗背景区分开就要考虑使用两只长条柔光箱打侧逆光进行勾边，可以参考暗背景勾亮边的做法。由于玻璃瓶是一种高反光物品，要为酒瓶的一侧加一定的高光，最好使用一个条形光。条形光是一种细长的柔光箱制造的，这样打出的光线能形成窄长的反射效果。如果使用长方形或正方形的柔光箱会形成比较宽的反射，这时可以用黑卡纸对柔光箱进行处理，遮挡住柔光箱的大部分照射区域，这样同样可以实现条形光的效果。此时，红酒瓶的主要光线造型效果就形成了，可以在此基础上进一步改善提升。

图6-4-1 红酒瓶片
例。柯嘉敏摄

　　用1—2盏灯照射红酒瓶的底部和顶部，也需要进行局部加
光，使得酒瓶的勾线效果更完整。

　　红酒瓶的标签信息对商品信息的传达至关重要。可以使用反
光板或一支小范围聚光灯对酒瓶标签进行局部提亮，使得标签上
的文字信息能完整显现。

　　此外，还有一些细节问题需要处理，比如陪衬物体的照明，
要考虑是否使用修饰光或小型反光板进行补光，照射酒瓶的部分

图 6-4-2　用一盏灯
为红酒瓶的底部加修饰光
示意图

图 6-4-3　用一盏灯
为红酒瓶的标签加修饰光
示意图

光源是否要加暖色滤色片（增加暖调效果）等问题。

　　总之，摄影师要秉承"先主体再细节"原则，逐一对布光进行微调，直到画面效果满意为止。建议摄影师用相机连线将电脑屏幕与数码相机相连接，以便对拍摄进行实时观察调整。综上，拍摄完美的红酒瓶光线造型有时候甚至会使用到5—6盏灯。当

图 6-4-4　红酒瓶片
例。文嘉豪摄

图 6-4-5　红酒瓶片例。张心怡摄

图 6-4-6　红酒瓶片例。刘苡萌摄

图 6-4-7　红酒瓶造型效果。龚雨诺摄

然，并不是所有拍摄者都具备影棚多灯的拍摄条件，当手头不具备那么多灯，修饰光也可以用反光板、小型手电筒以及家用灯具来替代。

第五节　拍摄金属制品常用的布光方法和造型效果

金属制品的拍摄难度也比较高，特别是拍摄抛光的金属制品，更是如此。这是因为光照射到抛光金属表面会发生直接反射，拍摄中控制反光是关键，所以布灯的位置非常重要，直接关系到具体拍摄的效果。在拍摄中要注意，画面中既要有高光，以突出金属的光泽，又要适当保留暗部细节，以显现出金属制品的质感和立体感。这个分寸很难拿捏好，要在实践拍摄中锻炼，不断积累经验。

前文关于用光原理的章节，我们讲解过直接反射的定律。一般像抛光金属材质的被摄对象在接受光照射后会产生符合直接反射定律的镜面反射，这时如果把相机放置在光线的反射角度范围内会拍摄到明亮的反光，使得金属制品看上去熠熠生辉。但还有一种情况，就是将相机放置在光线反射角度的范围之外，这时相机是"看"不到金属表面的反射光的，拍摄下来的金属制品就会显得黯淡无光。摄影师要巧妙地运用这个原理，来确定相机的机位，实现想要的效果。建议从简单的金属餐具刀叉开始练习拍摄。常见的具体布光拍摄方法有两种：天幕式布光法和包围式布光法。

一、天幕式布光法

明亮抛光的金属物体表面仿佛一面镜子，能反射出周遭的一切，这给摄影师的拍摄增加了难度。所以，拍摄前的第一步就是清场，将与拍摄无关的灯具、附件以及道具清理出拍摄区，只留拍摄需要的灯具等必要设备。在拍摄的金属器皿外形趋于扁平化，如金属勺子、刀叉这类物品时，大多数摄影师会使用天幕式布光法。

天幕式布光法是拍摄静物常用的一种布光方法。摄影师使用柔光纸或柔光布放置在被摄物体的斜上方。摄影灯则位于柔光纸（布）的后方，透过柔光纸（布）将光线投射到被摄物体上。透

图 6-5-1 金属制品光线造型效果。文嘉豪摄

图 6-5-2 金属制品光线造型效果。舒芷欣摄

光的柔光纸（布）就像天幕一样罩在被摄物体上，故而这种方法得名"天幕式布光法"。这种布光方式能够创造出柔和、均匀的光线效果，减少阴影，使得被摄物体呈现出更加细腻、立体的质感。根据摄影灯所在的具体位置，位于被摄物体斜上方的为顶光天幕法，位于被摄物体斜后方的为半逆光天幕法。

使用此法拍摄时要注意：一是柔光纸（布）的选择对于布光效果至关重要。一般来说，硫酸纸（又名"柔光纸"）、柔光箱、柔光屏都是不错的选择，它们能够均匀地透射光线，避免产生过硬的光影边缘。二是用于天幕式布光的柔光纸、柔光箱或者柔光

图6-5-3 高调效果的
金属制品造型。龚雨诺摄

图 6-5-4　中间调效果金属制品造型。高礼源摄　　　　图 6-5-5　中间调效果金属制品造型。李星翰摄

屏要足够大，要完全覆盖住整个金属制品，不然柔光纸（屏、箱）的边缘会穿帮。三是合理放置柔光纸（屏、箱）和摄影灯。柔光纸（屏、箱）应该放置在被摄物体的斜上方，与摄影灯保持一定的距离。摄影灯应该位于柔光纸（屏、箱）的后方，确保光线能够均匀地透过柔光纸（布）投射到被摄物体上。四是可用小型黑卡纸遮挡部分光线，为过渡不明显的金属表面加入深色的影调，塑造更强的立体感。五是注意在勺子、刀叉的其他面上适当用小型反光板进行补光，增加质感，控制亮部和暗部影调反差。

金属制品的拍摄为了呈现高调和中间调效果，要根据照片的基调，调整光线角度和输出强弱，从而进行合适的曝光，达到满意的视觉效果。

高调效果的金属拍摄，即画面呈现大面积的浅白影调和少量画龙点睛的黑色部分，金属制品呈现明亮、干净锐利的视觉效果。具体做法是：首先，选择白色或浅色调的背景；其次，金属制品的大部分面积要被柔光箱（散射光源）均匀照明，将相机放置在能看见光源照射到金属制品产生的直接反射光的角度范围内；再次，画面的整体曝光要增加，要在测得数据的基础上给主光加1—2挡左右的曝光，让明亮的反光与白色背景呼应，呈现高调画面效果，但金属边缘还是要有黑色的轮廓线效果，使得金属制品的主体效果更加突出。

中间调效果的金属拍摄，即画面呈现大面积灰色、深灰色影调和少量画龙点睛的白色部分。具体做法是：首先，选择黑色或暗色调的背景；其次，金属制品的大部分面积要被柔光箱（散射光源）均匀照明，将相机放置在能看见光源照射到金属制品产生的直接反射光的角度范围内；再次，使得金属影调接近或略高于18%中级灰，可在测光数据的基础上给主光加1挡左右的曝光，使得金属质感和光泽得以显现，且亮度并不耀眼。

二、包围式布光法

包围式布光法在拍摄金属制品时极为有用，特别是当金属制品具有复杂的形状和体积较大时。这种方法主要是通过控制光线，减少反光，来突出金属的质感和立体感。

包围式布光法通常分为两种：全包围布光和半包围布光。

全包围布光特点在于除了相机镜头所在的位置外，金属制品几乎被包围在一个封闭光线环境中。摄影师一般通过在静物台上搭建一个类似于小帐篷的环境来实现。具体来说就是在被摄金属制品的四周及上面，使用半透明的柔光纸或白色柔光布制成的柔光屏进行包围式搭建，形成一个小型的柔光棚，然后将多个光源放置在棚的外部，从各个方向确保光线均匀且柔和地照射在金属制品上。这种方法能够有效地控制反射光，使金属制品呈现出均匀的光泽。

半包围布光与全包围布光相似，但会去除照射金属制品左前或右前的光源。这种布光方法能够在减少反光的同时，给金属制品制造更多的阴影和高光区域，从而增强其立体感和质感。

在实施包围式布光时，需要注意以下几点：一是确保使用的帷幕硫酸纸或柔光屏足够大，能够完全覆盖金属制品周围的区域，避免光线直接照射到相机镜头上造成眩光；二是调整光源的位置

图 6-5-6　金属制品光线造型效果。文嘉豪摄

图 6-5-7　金属制品动感造型效果。刘苁萌摄

图 6-5-8　金属餐具造型效果。徐艺玮摄

和强度，以获得所需的光影效果，可以使用多个光源来创造更复杂的光照环境；三是注意金属制品的表面清洁度，避免指纹、灰尘等污渍影响拍摄效果。

生活中的金属制品多为金、银色，在拍摄中依据颜色消色原理，可适当地运用有颜色的道具增加画面的欣赏性。同时可适当使用不同质感的道具，形成视觉反差，给观者留下深刻印象。

总之，通过合理地运用包围式布光法，摄影师能够拍摄出具有光泽度、立体感和质感的金属制品照片。

拍摄练习：

1．拍摄渐晕背景下两个以上玻璃杯组合，亮背景勾勒暗线造型作品一张。

2．拍摄玻璃杯暗背景勾亮线造型作品一张。

3．以装有彩色液体的杯子为拍摄主体进行自由创意组合造型（可加辅助造型道具，如水果、鲜花等），要求运用光线造型的知识，拍摄体现玻璃制品的质感，适当加入动感或色彩元素的作品一张。

4．拍摄红酒瓶暗背景勾亮线自由创意造型作品一张，要求体现酒瓶质感和流线线条，瓶身要有亮暗变化，适当加入一定的情境设置。

5．拍摄金属勺子或刀叉（两件以上）作品一张，要求金属制品有从亮区到暗区的过渡，并要求表现金属制品质感。

第七章　棚内人像拍摄布光的造型技巧

　　掌握棚内人像拍摄布光的方法和技巧可以帮助摄影师更好地进行人像造型，让人物形象更加生动、立体，表现人物的个性和风采。不同角度、性质、强度的光线可以制造出丰富的人物造型效果，只要掌握了人像布光的基本方法和光线造型的作用，摄影师就能游刃有余地以不变应万变。本章主要从棚内人像拍摄布光的基本要求和方法、棚内人像拍摄窄光照明和宽光照明方法、棚内人像拍摄经典布光造型、棚内人像拍摄提升视觉效果的方法，以及棚内创意人像拍摄布光案例五个小节，来帮助摄影学习者从基础人像布光开始，逐步提升棚内人像拍摄布光的质量和水平。

第一节　棚内人像拍摄布光的基本要求和方法

　　人像是摄影师特别偏爱的拍摄题材。从摄影术诞生起，人们对肖像照的狂热就从来没有停止过，把去照相馆通过精心布光拍摄的肖像当作一件非常有仪式感的事情。棚内人像摄影控光其实比在户外更容易做到，但要做到精准布光、控光，需要摄影师付出极大的耐心和精力，毕竟面对的是动态的"人"，且每个人物的外貌身形都不一样，每个姿态每个瞬间都是灵动的，甚至是瞬息万变的。只有熟练掌握棚内灯光布置的技艺，摄影师才能在短时间内通过合理的布光用光线来塑造形神兼备的人物形象和精神风貌。本节主要从棚内人像拍摄前的准备工作、棚内人像拍摄的布光流程、拍摄中摄影师要注意的拍摄事项等方面对棚内人像布光的基本要求和方法进行解析。

一、棚内人像拍摄前的准备工作

　　在棚内拍摄人像，事先还是要做一些摄影之外的准备工作。

　　首先，人像摄影师在拍摄前要尽可能多地了解被摄对象的情况，包括职业、兴趣、爱好等信息，以便拍出更符合人物特点的肖像作品，使观者能够通过照片了解被摄对象。如果被摄影对象是摄影师比较熟悉的人，那就更有利于摄影师的创作。比如19世纪著名的英国女摄影师朱莉娅·玛格丽特·卡梅隆，她拍摄的对象主要是她熟悉的人，要么是她的邻居，要么是她家举足轻重的座上宾，如查尔斯·达尔文、托马斯·卡莱尔、阿尔弗雷德·丁尼生、罗伯特·勃朗宁等，这些人在她的镜头前会更自然地流露出独有的个人魅力。

　　其次，摄影创作是双向的，如果是任务拍摄，要了解被摄对象或委托方的拍摄需求，比如被摄对象想要拍摄什么风格的人像照片，拍摄人像照片的用途是什么等，了解这些便于摄影师对画面基调、效果进行预先设计。如果是摄影师的个人创作，在拍摄前跟被摄对象进行交流，让他（她）了解在画面中要塑造什么样的形象。

再次，要做一些拍摄硬件和软件方面的准备工作。比如，摄影师要精心选择拍摄场地，重点要考虑环境和氛围的问题。拍摄环境肖像，要考虑环境的光线是否达到拍摄的要求，如果达不到就要考虑架设灯具。还要事先准备好拍摄中要用到的所有灯具和相关器材设备，逐一检查电池、电量是否能正常使用。

最后，如果对被摄对象的服装和造型有很高要求，还需要提前请化妆造型师进行试妆。

总之，在棚内拍摄人像，摄影师更像一个导演，要把握拍摄前期和后期的每个环节的细节工作。

二、棚内人像拍摄

进入棚内人像的正式拍摄环节，需要格外注意布光流程、光位、光比、影子和背景等的重要性。

（一）布光流程的重要性

进入拍摄环节，对于摄影师来说最重要的就是把握棚内人像拍摄的布光流程。

虽然前文说过布光流程因摄影师个人习惯而异，但棚内人像布光还是有顺序的，一般依据光线造型作用的重要性来进行布光，大致的思路是依次定主光、辅助光、背景光、轮廓光、修饰光等光位。当然，不见得拍摄中要布置所有这些造型光，要视情况而定。

在棚内布光第一步就是确定主光的位置。主光是画面中最主要的造型光，主光的角度、高度、强弱、面积决定画面人物的主要造型效果。要明确主光只能有一个。

用来辅助主光造型、修饰主光带来问题的光线为辅助光。其作用：一是减弱主光造型带来的阴影问题，使局部的细节得以展现被摄对象的视觉效果；二是改变画面中被摄对象暗部和亮部的反差，暗部和亮部的光比越小，画面越柔和，反差越小，反之，被摄对象的暗部和亮部的光比越大，被摄主体视觉效果越硬朗，反差越大；三是辅助光还可以起到强化眼神光的作用。

背景光也是至关重要的，它的主要作用是使人物与背景分离，使人物更加突出。另外，使画面空间纵深感以及画面整体的立体感更好。它还有交代拍摄环境、渲染气氛的作用，从观看照片的角度更有代入感。

轮廓光也能起到分离背景、美化被摄对象的作用，但前提是在"暗对暗"拍摄中，比如身穿黑色衣服的模特在暗背景前拍摄，就要使用轮廓光。如果身穿白色衣服的模特在亮背景前拍摄使用轮廓光，整个轮廓光就会被"吃掉"，无法显现。

修饰光，是对画面局部起到补充照明的光线。如对头发、身体的某个局部，以及手表、配饰等进行重点加强的补光，起到强调的作用。

（二）光位的重要性

在确定了使用哪些造型光参与拍摄之后，就要确定光位。摄影师要确立分层布光的思路。常规做法是，根据被摄对象的身高和姿态，一般将主光设置在被摄对象的左侧或右侧，与镜头水平呈 45°角，高于被摄对象头顶大约半米的位置。在主灯相反的一侧靠近相机的位置可以布置辅助光，高度和主光保持一致。如需背景光，可将背景光光源埋藏于被摄对象身后，朝向背景并由下往上打光，也可以通过硫酸纸或柔光屏打透射光。背景光可以设置在多个角度，只要能起到突出被摄对象的效果就行。轮廓光一般设置在被摄对象的侧后方，与相机水平呈 135°角的位置，光线一般从斜上方打下来，这样做是为了模拟自然光的光效。这种光效一般只能打亮被摄对象的局部轮廓，要想打亮全轮廓，轮廓光要设置在被摄对象的正后方，与相机水平呈 180°角，略高于被摄对象头部的位置。修饰光的角度和高度要视被修饰的对象位置而定，如作发光使用，光源也应放置在被摄对象的侧逆光高位。

摄影者需要了解，光位是为人像摄影造型服务的，随着人像造型的变化，光位也要随之变化，所以没有一成不变的布光光位，摄影师应该掌握不同光位带来的不同人像造型效果。

（三）光比的重要性

光比是照明光线投射在被摄对象上形成的亮部和暗部之间的

亮度值或照度值之比，也是确定主光源与辅助光、其他光源之间各自输出多少的重要考虑因素。在棚内人工光源照明下，摄影师通过控制光比来完成理想的人物光线造型效果。对于棚内人像摄影来说，摄影师尤其要精准控制人物脸部的光比，测量时应分别测量人物脸部受光区域和背光区域的亮度（或照度）。按照主光和辅光的倍率来计算，当相机感光度、快门速度不变，常见的主、辅光光比与光圈级数的关系如下。

光 比	光圈级数	光 比	光圈级数
2:1	1	3:1	1.58
4:1	2	6:1	2.58
8:1	3	12:1	3.58
16:1	4	32:1	4.58

表 7-1-1　光比与光圈级数关系

当光位基本确定后，我们要对棚内参与拍摄的每一盏灯进行量光和定光，以确定被摄对象亮部与暗部的光比。

方法 1：分别开主灯和辅灯，测量它们发出光线的照度值。先开启主灯，用闪光测光表的照度测量模式进行测量。将测光表贴近人物脸部，使测光表的半圆形乳白罩朝向主灯方向，测量主光照射到人物脸部受光面的照度，一般测光表会给出相应的光圈数。之后，关闭主灯，开启辅灯，使用同样的方式测量辅灯发出的辅助光照射到人物脸部需要补光侧的照度。这样两次获得的测量数据就可以确定被摄对象亮部与暗部的光比。这种测量方式的弊端在于，它忽略了环境光的反光影响，忽略了辅助光对人物亮部受光面的影响。

方法 2：同时打开主灯和辅灯，先测量主光，再关掉主灯测量辅光。由于被摄对象脸部两侧的光效是由主灯加辅灯照明得到的，所以，只有同时开启主灯与辅灯，测量主灯加辅灯叠加的亮部的亮度值或照度值、暗部的亮度值或照度值，得到两者的比值，才能获得比较准确的光比。

根据光比与光圈级数关系表，如果主光与辅助光的光比为 2:1，表示主光照射到人物脸部的亮度是辅助光的两倍。这种光比产生的曝光量差异相对较小，人物面部会比较柔和，反差比较小。如主光与辅助光的光比为 4:1，主光与辅助光之间的亮度差异更加明显。这种光比能够突出被摄对象的轮廓和立体感，使画面人物显得更加硬朗、有个性。此时，画面中人物脸部的明暗反差会增大，但仍然能够保持一定的细节和层次感。在极特殊的情况下，摄影者会采用 8:1 以上的大光比，造成人像脸部的反差极大。在影棚拍摄人像过程中，控制人物脸部的光比至关重要，这主要靠调整辅助光的照度和距离来实现。如在主灯和辅灯的灯具型号和安装附件一致的前提下，假设主灯与被摄对象的距离为 1 米，只要把辅灯放置在离被摄对象 2 米的位置，就可以做到 2:1 的光比。在棚内拍摄人像时，除了要测主光和辅助光的光比，还要分别测量主光与背景光的光比、主光与轮廓光的光比，摄影师要明确每盏灯在画面中会形成什么样的亮度或照度关系，才能制造出魅力十足的棚内人像光线造型效果。

　　（四）影子的重要性

　　著名的中国摄影大师吴印咸先生曾经在《摄影艺术的欣赏》一书中提到，"光是摄影的父亲，而影子便是摄影的母亲"。这句话道出了光与影的微妙且密切的关系。在人像摄影的布光中，一些初学者常常只注重光线照射的效果，而往往忽略了光与影是一对孪生兄弟，既有高光又有阴影才能更好地呈现被摄对象的立体感。我们知道物体表面的反射率除了和自身特性有关，还取决于光照射的角度。比如拍摄一块被切开的面包的侧面，如果用 45° 前侧光照明，更能突显其表面质感，更接近我们的视觉体验。人像摄影也是一个道理，顺光照明的情况下，人物脸部几乎 100% 被照亮，会让人物显得扁平化。但是如果使用 45° 前侧光照明，人物脸部被照亮的范围会降至 70% 左右，人物脸部就会呈现从亮到暗的过渡。这种过渡是摄影师在人像拍摄中最爱使用的一种效果，可以增加人物面部的立体感，使得画面更加生动、自然。

摄影师在棚内人像拍摄中要懂得处理两种阴影。一种叫"自身阴影"，就是由于被摄对象自身结构产生的阴影，比如鼻影、下巴处的阴影，是由于人面部的自身结构受到特定位置的光线照射后产生的投影。另一种叫"投射阴影"，是指用人为的手段为被摄对象加上去的阴影。投射阴影是由于外部物体遮挡等原因而投射到被摄对象上所形成的阴影。在棚内拍摄中，摄影师需要注意避免不必要的投射阴影干扰画面，同时也可以通过有意创造某些投射阴影来增加画面的层次感和戏剧性。

在处理这两种阴影时，摄影师需要综合考虑光源、被摄对象和拍摄环境等多个因素，以达到最佳的拍摄效果。通过合理的阴影处理，摄影师可以塑造出更加生动、立体和具有艺术感的人像摄影作品。

（五）背景的重要性

背景是每一张人像照片重要的构成要素。摄影棚拍摄广泛使用无缝背景纸，它们悬挂在由两根重型支架支撑、可以旋转的横杆上，多种颜色的背景纸可以自动升降。学习棚内拍摄人像的初期，建议先从简洁的黑、白、灰背景开始练习——一方面简洁的消色背景和所有颜色搭配都能形成和谐的效果，免去了摄影师搭配颜色的烦恼；另一方面对于黑、白、灰背景的影调控制，是摄影师棚内用光的基本功，摄影师要学会巧妙运用。

1. 棚内人像拍摄白色背景布光方法

在拍摄前，摄影师经常首先考虑的是所拍摄影像要呈现什么样的场景。纯白背景是摄影师经常使用的，它能排除一切多余的东西，简洁突出地表现被摄主体。但如何得到一张背景看上去为纯白色的照片呢？这需要摄影师通过精心布光、准确曝光等环节来完成。在拍摄中，我们会发现用一盏灯作为主光照亮被摄主体，即使背景为白色背景，从画面看，其呈现出来的也绝非白色，而是偏灰色。这是由于背景与光源的距离比被摄主体与光源的距离远，所以背景获得的光线会比被摄对象少，因此即使使用白色背景纸，画面中也会看上去变成灰色。摄影师需要通过对背景单独进行照明的方式，使其在照片中呈现无瑕疵的纯白视觉效果。

图 7-1-1 均匀白背
景布光示意图

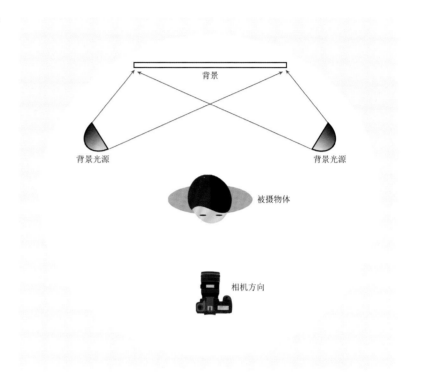

方法 1：用自发光的柔光箱作为白背景，通过过曝的方式得到均匀的纯白色背景（透射式布光法）。

足够大的柔光箱可以直接置于模特后，作为白背景使用，在用测光表测得柔光箱背景数值的基础上让相机提高 2-3 挡曝光，使得背景由于过曝呈现纯白色。但是这一方法不适宜较大的背景设计，如拍摄模特的全身照就很难找到那么大的柔光箱。

方法 2：对于较大的背景，需要通过两盏灯均衡照明布光（直射式布光法）得到均匀的纯白色背景。

当背景比较大时，摄影师可以考虑使用左右两盏灯来布光，它们的位置一般在被摄主体后，朝向背景，理想状态下的照明角度为 45°，两盏灯的光心正对背景中心，在拍摄模特时，为了防止光线溢出，要在灯与模特之间放置黑旗或挡光板。但在拍摄时，摄影师会发现这样做得不到纯白均匀的背景。原因是这种布光法下背景的中心被左、右两盏灯的光心照亮，但背景右、左侧边缘受光量减少，所以，背景的边缘要比中心暗，背景呈现的是渐晕的四周暗角效果。

解决办法就是，将两灯的光心分别对着背景的一侧边缘，这样距离光源较远的背景部分就会被照亮，而靠近光源处只获得边缘光线，调整后的照明效果会比之前的布光方法（将两个光心对准背景中央的方法）更好，能让背景得到均匀的照明，呈现纯白色的视觉效果。

2. 棚内人像拍摄黑色背景布光方法

拍摄人物肖像照片也常用黑色背景，给人以庄重、神秘的感觉，因此摄影师还需要掌握纯黑色背景的布光和控光方法，以及材料选择。一种方式是从背景的固有色考虑，我们可以考虑选择反光率比较低的背景，最好是黑丝绒，它的吸光率是99%，基本不反光，更容易得到纯黑的背景。当然，一般摄影棚内会使用可升降的无缝背景纸，如果没有纯黑色背景纸，也可以使用灰色、棕色等深色背景纸。摄影师会从控光方式考虑，尽量不要让光线照射到背景上形成反光，影响黑色的呈现。

具体方法：一是保证灯与被摄对象距离不变的同时拉大灯与背景的距离，根据照度的平方反比定律，光线的照射强度会跟距离成平方反比。假设灯距离背景1米时，背景受到的光线强度是1，灯距离背景2米，背景受到的光线强度就是原来强度的1/4，同理灯距离背景3米，背景受到的光线强度也就是原来强度的1/9，依此类推。利用这个原理，如果要让背景暗下去，我们就要拉大灯与背景的距离，这样光线迅速衰减就照射不到背景了。二是如果对模特照明的光线是从侧后方打的修饰光或轮廓光，如果光源面积比较大，就有可能影响到背景。此时，需要在灯的侧面放置黑旗（遮光板），遮住溢出影响到背景的光线，也能使背景呈现干净的纯黑影调。三是尽量控制照射模特的光源范围，可以给主灯前加反光罩及蜂巢，如有修饰光或轮廓光，也要在灯前加蜂巢、束光筒，控制光线的照射范围，减少光线溢出对背景的影响。

总之，棚内人像拍摄纯黑背景关键在控光，不仅要控制光线照射距离，还要控制光照射的范围以及环境光的影响，使得光线在充分照射被摄模特的前提下，尽量避免照射到背景上，以便让暗调的深色背景彻底黑下去。

第二节　棚内人像摄影宽光照明和窄光照明

　　在学习窄光照明和宽光照明之前，摄影者要对拍摄人像时模特脸部的长侧和短侧的情况加以区分。当模特正对相机时，摄影师通过镜头拍摄到的是模特左、右两侧基本对称的脸型。拍摄时模特如果斜着面对相机，脸部就自然出现了离相机近的一侧和离相机较远的一侧。在顺光或前侧光的照明条件下，从相机视角，被摄对象脸部距离相机近的一侧，称为"长侧"，获得较大面积的光线照射；而远离相机镜头，较小面积被光线照亮的那一侧，称为"短侧"。在此基础上，我们再来详细介绍宽光照明和窄光照明这两种照明方法。

一、宽光照明

　　宽光照明在人像摄影中是一种特定的布光方式，其主要特点是光束的照射范围比较宽广。在这种照明设置下，光源通常被放置在被摄对象的侧前上方（略高于人物头顶1米左右），水平角度大约与被摄主体呈45°—60°。这种布光方式重点关注人脸的"长侧"。当使用宽光照明时，模特这侧的耳朵和脸颊都会得

图 7-2-1　从相机视角看模特脸部的长侧和短侧。贾婷摄

图 7-2-2　宽光照明
人像造型效果。贾婷摄

到充分照明。宽光照明适合拍摄那些脸型比较细长，面颊不宽的
被摄对象，但这种照明方式对面颊较宽的人不是很友好，会让脸
型圆润、苹果肌比较宽的人显得脸更圆、更宽。因此，是否使用
宽光照明要视被摄对象情况而定。

二、窄光照明

　　窄光照明也是人像摄影的一种主要布光技巧，而且因为优势

图 7-2-3　窄光照明
人像造型效果。贾婷摄

明显而广受摄影师和被摄对象欢迎。其特点是光源主要照亮被摄
对象的"短侧"，而另一侧则处于相对较暗的阴影中。这种照明
方式旨在强调模特面部的轮廓和立体感。在这种照明设置下，光
源也通常被放置在被摄对象的侧前上方（略高于人物头顶 1 米左
右），但水平角度大约与被摄主体呈 135°。这样的光线照明下，
模特只有远离相机一侧的脸颊被照亮，距离相机较近的"长侧"
基本处于未被光线照明的阴影区域，这种照明方式特别适合拍摄脸型较宽且圆润的人物，可以让画面中人物的脸型看上去显瘦。当然，脸型本来就瘦长的人，不太适合采用这种照明方式拍摄。另外，在窄光照明条件下由于模特脸部的长侧处于阴影中，如果对阴影一侧的头发或轮廓进行局部照明，画面会构成亮—暗—亮的节奏，能形成很好的立体感。也可以对模特处于阴影一侧的脸用反光板或辅助光进行提亮，缩小模特脸部的亮暗反差，使脸部影调更加柔和。

　　由于模特在拍摄时姿态不可能一成不变，所以任何灯光造型都涉及布光高度和角度问题，摄影师要根据实际情况考虑。后文我们将讲解的棚内人像经典布光造型，是在正面、侧面打光或宽光、窄光照明的基础上从更加细微的光源高度和角度变化来进行布光。

第三节　棚内人像摄影经典布光造型

　　棚内人像摄影充满艺术创意和技术创新。经过长时间的发展，很多优秀的人像摄影师为大家积累了非常多用的棚内用光实践经验和规律性的知识，值得我们认真学习并在实践中灵活运用。本节介绍棚内人像布光造型中经典的蝴蝶光布光法、伦勃朗光布光法和分割光布光法。这些布光法能在画面中形成具有辨识度的风格鲜明的光线造型效果。但这些光线造型效果并不是单一的、教条的，而是灵活的、千人千面的。因为摄影师遇到的模特都是独一无二的，模特的每个姿态、神态的瞬间也都是变化的，摄影师

图 7-3-1　德国女演员玛琳・黛德丽肖像

对被摄对象用光也是有自己独立思考的，所以摄影学习者不能把这些经典的布光造型当成一成不变的"教条"，而应当在实际拍摄中灵活运用。

一、蝴蝶光

（一）蝴蝶光的特征

蝴蝶光（又称"玛琳·黛德丽光""好莱坞光""美人光"），是20世纪30年代好莱坞片场拍摄女演员时经常使用的一种经典用光。玛琳·黛德丽是当时炙手可热的女演员，她在众多电影中都因为被摄影师采用了这种布光方式拍摄的影像显得更加突出和迷人。因此，人们后来以她的名字来命名这种光效，以纪念她在大银幕中所展现出的经典美感。

蝴蝶光的名字非常美，顾名思义，这种光线会在人物的鼻子下方到嘴唇上方的1/2处形成对称的蝴蝶形影子。时尚摄影中经常使用这种光效。蝴蝶光是一种高位顺光，适合拍摄瘦长脸型的被摄对象。

（二）蝴蝶光的布光步骤

蝴蝶光布光通过两个步骤完成：

图 7-3-2　蝴蝶光造型肖像。贾婷摄　图 7-3-3　蝴蝶光造型肖像。金泰明摄　图 7-3-4　蝴蝶光造型肖像。李若然摄

先升高支架上顺光位的主灯（最好使用吊臂，让灯光靠近被摄对象），至少要高于头顶 1 米，照亮模特面部。

然后根据模特的位置调整灯头的角度，直到模特鼻子下方出现对称的蝴蝶状阴影，且阴影正好位于鼻尖下方与嘴唇上缘之间的约 1/2 处。

蝴蝶光打在模特脸部正面，形成的蝴蝶状的对称阴影能让模特的鼻子显得更有立体感，同时眼睛因为上眼睑形成的阴影也显得更加有神韵，整个嘴唇也会看起来更加立体、丰满。由于模特颈部处于阴影中，能够很好地隐藏颈纹和双下巴等缺陷，而且模特脸部边缘会比中心暗，有很好的渐变和立体效果。

蝴蝶光不仅用于拍摄模特的正面像，也可以用于拍摄模特的侧面像。侧面照结合从"短侧"打的蝴蝶光，也可以使模特面部呈现更好的立体感。

（三）蝴蝶光布光的常见问题

1. 脖子下面形成阴影

蝴蝶光其实是一种高位顺光，在使用硬质光源作为主光拍摄时，高位顺光会在模特脖子下方形成边界清晰的浓重黑影。如果要消除阴影，一种方式是使用反光板从模特下方往上反光，冲淡脖子区域的阴影。如果反光板的效果不佳、亮度不够，可以换成一个柔光箱作为辅助光来照亮模特脖子的阴影区域。这种在模特脸部上方或下方以 45°角辅助布光的方式，也叫"鳄鱼光"或"蚌壳光"。这种光效的优点就是能让模特的面部及上半身得到均匀充足的照明，但问题是这个辅助光在冲淡脖子区域阴影的同时，也会让蝴蝶光的光效荡然无存，变成平光照明效果。不过这适宜拍摄一些希望淡化或隐去脸部瑕疵的拍摄对象。平光可以减轻皱纹和痘痘问题，让模特脸部皮肤的纹理减弱。

2. 布光高度过低

如果蝴蝶光布光位置过低（接近被摄对象头部），不仅模特面部边缘的阴影会消失，而且鼻头下方到嘴唇上方的蝴蝶状阴影也会消失不见，整个面部的明暗对比度也会减弱，立体感不强。光源位置过低，还会导致模特因为直视光源而眼睛不舒服，很难

图 7-3-5 正面蝴蝶光
硬光造型肖像。李星翰摄

控制自己的表情和姿态，在照片中呈现紧张、不自然的状态。另外，过低的灯位还会导致模特眼睛的"6点钟位置"（接近眼底）产生反光，会给人一种奇怪的感觉。

3. 布光高度过高

众所周知，顶光和底光都是戏剧性比较强的光线，如果蝴蝶光设置过高，就类似顶光效果，这种高度和角度的光线会在模特的面部形成不自然的阴影，比如加深眼窝、凸显颧骨等，拍出的面部影像给人一种刻板、不友好的感觉。值得注意的是，光效并没有好坏之分，关键是看摄影师要塑造什么样的形象，电影和戏剧舞台上为了塑造反派人物，往往使用这种非常规角度的光线，来塑造充满张力的反面形象。

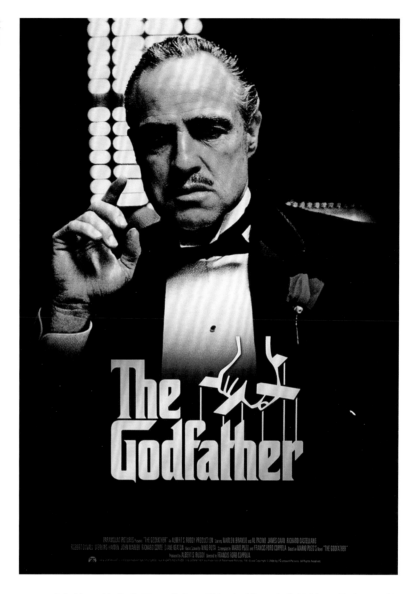

　　顶光使用的典范就是弗朗西斯·福特·科波拉执导的电影《教
父》中马龙·白兰度饰演的一代教父形象。在昏暗的场景中，顶
光照明下老谋深算的教父的眼睛在浓重的阴影中深藏不露，让人
捉摸不透他在想什么。摄影师在电影中很好地用光线的明暗来强
调人物的内心和戏剧冲突。这种顶光的使用堪称经典，后来甚至
被称为"教父光"。

　　如果蝴蝶光光源设置过高，几乎从模特的正上方照明，就会
导致模特的眼睛完全淹没在黑色阴影中。光源位置越高，越靠近

主体，模特眼中就越不容易出现眼神光，而且鼻子下方的阴影就越长，看起来就像模特留了浓重的胡子。用这种光线塑造普通意义上的唯美肖像，显然有点吓人，蝴蝶光就变成了"骷髅光"。

综上，蝴蝶光并不适合所有人，由于光效强调颧骨，不适合脸型比较宽、苹果肌比较大的人，而比较适合脸型适中、偏瘦长的被摄对象。另外，使用的灯具的位置、高低、功率输出都要根据拍摄对象的位置、姿态以及需要塑造的形象进行适度的调整，过高或过低有可能塑造出令人印象深刻的有戏剧张力的形象，也可能对形象塑造产生灾难性的影响，需要摄影师掌握造型的"度"。

二、伦勃朗光

（一）伦勃朗光的特征

伦勃朗·凡·莱茵是 17 世纪荷兰最伟大的画家，也是世界历史上最伟大的画家之一。光影效果是他画作中的一大特色，他巧妙地运用光线在人物脸部形成的倒三角形光斑，这是其画作中常见且独特的用光手法。这种光影效果不仅增加了画面的立体感和层次感，还进一步突出了画中人物的情感和内心世界。伦勃朗在画作中独特的用光，往往给观者留下深刻的印象。"在伦勃朗伟大的肖像中，我们觉得跟现实的人物面对面，我们感觉出他们的热情、他们所需要的同情，还有他们的孤独和他们的苦难。我们在伦勃朗的自画像中已经非常熟悉的那双敏锐而坚定的眼睛，想必能够洞察人物的内心。"[1]

（二）伦勃朗光的布光方法

伦勃朗光是伦勃朗常用于肖像画作的一种光线效果。它是一种高位的侧光，布光时要保证光线从高角度投射并在水平面内跟模特、相机约呈45°或135°角。此时光线照向模特的正面，

1.[英]E.H. 贡布里希著，范景中、杨成凯译：《艺术的故事》，南宁：广西美术出版社，2008 年 4 月版，第 423 页。

图 7-3-7　伦勃朗光
效的倒三角形光斑特征。
贾婷摄

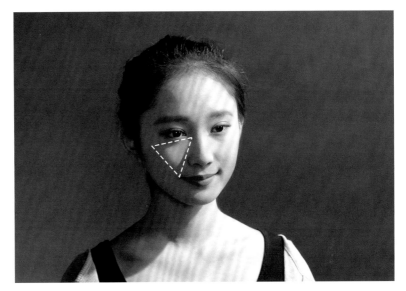

图 7-3-8　伦勃朗软光造型肖像。
李昕霖摄

图 7-3-9　伦勃朗硬光造型肖像。
梁乐摄

模特脸部离光近的一侧被照明，另一侧则处在阴影中，同时由
于一小部分光越过模特的鼻梁照射到阴影侧脸上，在眉骨下方、
颧骨边缘到鼻翼处围成一个明亮的倒三角形光斑。三角形光斑
会使模特脸部更有立体感，如果倒三角形光斑涵盖眼睛，模特
明亮的眼睛会成为画面的视觉中心，让观者被画面中人物充满
神秘感的眼神所吸引。摄影师一般用裸灯、聚光灯等硬质光源

图 7-3-10 伦勃朗光线造型肖像。
卢泳怡摄

图 7-3-11 伦勃朗光线造型肖像。
郭施琦摄

来塑造边缘干净利落的倒三角形光斑效果。当然也可以用柔光箱等软质光源来塑造偏柔和的伦勃朗光效。这两种光源要视人物造型需要而定，各有自己的特点和味道。伦布朗光效可以很好地修饰画面中人物圆润丰满的脸型，使脸型变得更显瘦。

（三）伦勃朗布光的常见问题

1. 倒三角形光斑没有闭合

在运用伦勃朗光拍摄时，当模特的位置确定后，首先要使灯、模特和相机的角度保持在水平呈45°或135°左右，呈现一个标准的前侧光效果。接着，需要进一步调整灯光的位置。模特脸部的大部分受到充足的照明，并不能马上出现理想的倒三角形光斑效果。此时，将灯向模特侧后方移动，使得模特脸部远离灯的一侧大部分处于阴影暗区，直到眼眶、鼻子和颧骨三条线连接出现闭合的倒三角形光斑即可。

当然，没有闭合的倒三角形也是一种人物造型光线，摄影用光中通常叫"开环光"。伦勃朗光属于"闭环光"，所有伦勃朗光造型的关键就是在模特面部的阴影处要出现闭合的倒三角形状的光斑。虽然倒三角形光斑的大小位置会因为模特、相机和灯位的细微调整而有所改变，但出现闭合的倒三角形光斑始终是伦勃朗光效到位的重要标志。

2.倒三角形光斑的位置过高或过低

伦勃朗光效中明亮的倒三角形光斑在人物脸部的位置十分关键，光源设置得过高，会造成模特的额头过亮成为视觉的中心，导致画面在视觉上很不美观。光源位置过低，倒三角形光斑所在区域不包含眼睛，整个落在脸颊区域，模特造型会失去眼睛神采。当然，对于一些特殊的人物造型需要，这种灯位设置偏低的伦勃朗光线造型也不失为一种好的造型方法。

三、分割光

（一）分割光的特征

分割光是一种富有戏剧性的光线效果，它能够在画面中产生亮暗分明的视觉效果，向观者传递一种不安的情绪，特别适合表现人物内心的矛盾情感。通常一些恐怖和悬疑电影中会使用分割光来表现阴森、神秘、暴力的画面。在分割光照明下，模特脸部距离光源近的一侧被照亮，另一侧则因光线照射不到而处于黑暗的阴影之中。如果没有对阴影区域进行补光，模特脸部左、右两侧的光比超过4:1，画面中模特的脸部将呈现明暗分割的效果，极具视觉冲击性和个性化。

（二）分割光的布光步骤

分割光由侧光构成，将光源放在模特脸部的短侧，并对着模特脸部短侧的耳朵部位照明，这样形成几乎90°侧光的光线效果。如果模特脸部的长侧大面积处于阴影中，可将光源慢慢地向人物的前方移动，直到人物的上眼睑被照亮，再将光源慢慢向人物上方移动，直到其上、下眼睑都被照亮，人物的头部前侧的头发局部也被照亮。理想的分割光光线效果是人物脸部的1/2处于亮部，1/2处于暗部。在拍摄过程中要注意对人物眼睛的刻画，最好保证光线能够越过鼻子照射到阴影侧的眼睛。当阴影侧的眼睛得到强调后，整个人像作品在充满戏剧感的同时会更加传神，吸引观者的目光。

（三）分割光布光的常见问题

1. 光比问题

当模特是画面的主体时，模特脸部左、右两侧的光比越大，画面的明暗反差越大；光比越小，画面的明暗反差越小。所以，摄影师要拍摄有个性的分割光效，需要尽量拉大模特脸部左、右两侧的光比，让暗部彻底暗下去，接近全黑，避免周围的环境光反射影响暗部效果。

2. 侧光靠后

当侧光靠后，光线虽然能够照射到被摄对象一侧脸的耳朵，却无法越过鼻子照射到阴影一侧的眼睛，人物整个脸部的 1/2 处于黑暗中，这时被摄对象的面部看起来有种"分裂"感。

3. 侧光靠前

侧光的位置如果靠前，更多的光线就会越过被摄对象的鼻子照亮阴影一侧的脸，并在颧骨和嘴角处形成光斑，这样人物脸部光线会显得很"乱"，杂乱的光斑会分散观者的注意力。

综上，蝴蝶光、伦勃朗光和分割光三种棚内人像摄影的经典布光造型并不是一成不变的，而是随着模特的姿势、光位变化，灯具附件使用以及灯与模特的距离调整而灵动变化，但只要掌握这些棚内人像经典布光的要领，就能在此基础上不断创新，以不变应万变。

第四节　棚内人像摄影提升视觉效果的方法

　　在棚内人像经典布光造型的基础上，为了拍摄出吸引人的棚内人像照片，除了在服饰、化妆、造型上另辟蹊径，摄影师还要会使用一些道具或控光附件来拍摄出彩的人像作品。本节主要涉及遮光图案滤片的使用，滤色片、滤色纸的使用，以及风、烟、水、火等道具元素的使用。

一、遮光图案滤片的使用

　　遮光图案滤片，也称"光影滤片"或"图案片"，是摄影棚内拍摄时常用的一种工具。这些滤片通常由钢片或其他金属材质制成，上面刻有各种图案，如叶子、网格、纹理等，用于在光线穿过时产生特定的投射阴影效果。

　　遮光图案滤片一般安装在与之相匹配的、有专门放置遮光图案滤片片槽的聚光灯前，这个聚光灯或聚光器材中有一个聚光透镜，可以把光线聚到遮光图案滤片后面，从而令光线通过滤片后形成造型各异的趣味图案投影。而且这盏灯通常具有聚焦功能，通过此功能可以调节光线的焦点，使得摄影师可以控制所投射阴影图案边缘的清晰度，既可以获得图案清晰的效果，也可以获得图案模糊虚幻的效果。

　　需要注意是，使用遮光图案滤片后，用测光表测量聚光灯照射到被摄对象和背景的光线照度会不准确，因为被摄对象或背景会有亮暗不均的区域，这时要通过相机液晶屏或相机连接电脑屏幕实时检查曝光的情况，要注意查看直方图中的高光和暗部是否有溢出或细节损失现象。建议做法是，对亮部进行测光后，设定相机把亮部识别为 18% 的中级灰，这样就能保证亮部的细节；为了防止暗部没有层次，可以用白色反光板提亮暗部，还可以通过后期找回暗部的细节。所以，建议拍摄时一定使用 RAW 文件格式。

图 7-4-1 背景使用遮光图案滤片拍摄人像。朱汉举摄

图 7-4-2 背景使用遮光图案滤片拍摄人像。朱汉举摄

二、滤色片、滤色纸的使用

在人像摄影中，使用滤色片、滤色纸或调整灯具的色温是控制光线颜色、营造特定氛围和效果的重要手段。这些附件或功能能够帮助摄影师改变光线的颜色，从而创造出丰富多彩的视觉效果。

目前棚内使用的 LED 常亮灯，通常都配备了改变色温的功能。这一功能使得摄影师能够根据需要调整光源的色温，从而获得准确、稳定的色光效果。LED 常亮灯的色温调节范围通常较广，可以覆盖从暖色调到冷色调的各种色温，为摄影创作提供了极大的灵活性。

而将滤色片或滤色纸用于闪光灯或常亮灯前，不但可以校正偏色，还可以强化画面的色彩感。

我们都有这样的经验，摄影师经常会在钨丝灯环境下拍摄，如果不用闪光灯，整个画面包括被摄模特整体会出现偏色，模特脸色蜡黄，非常难看。这时如果使用闪光灯给模特补光，闪光灯会发出色温 5000K 左右的白光，虽然使画面中模特的肤色还原正常了，但模特在整个画面中显得非常突兀、不自然。面对这种情况，如果摄影师在闪光灯前加一片橙色滤镜，闪光灯射出的光线会因为滤镜的原因而降低色温，致使闪光照亮模特面部的同时，实现照射人物主体和背景的光线色温基本一致，从而弱化主体与背景的不协调感。后期再通过整体调整白平衡，就可以校正画面的偏色情况，模特肤色也会表现得更加真实、自然。

在灯前使用滤色片或滤色纸还可以为人像拍摄增加很棒的色彩效果。例如模特正面朝向相机，在类似分割光的光效下，一侧的前侧光使用青色的滤色片，另一侧的前侧光使用品红色的滤色片，在模特的两侧脸颊上就会形成强烈的对比色效果。这种富有创意的人像作品会给人留下深刻的印象。比如当代杰出的人像摄影师之一菲利普·哈尔斯曼曾为西班牙超现实主义画家萨尔瓦多·达利拍摄过这种用互补色色光作分割光照明的个性化肖像。这种方法使用大面积色光对被摄主体进行光线造型，是一种十分大胆的拍摄方法，比较适合塑造脸部棱角分明、个性突出的人物形象。摄影师在棚拍人像中更多地是局部使用色光，来打破画面构成的单调感。最常见的是在发光中使用蜂巢加滤色片，如果使用橙色滤色片，会使人物头发呈现似落日时分黄金光线的暖调效果。加滤色片的轮廓光还可以模拟太阳光为人物勾边使用，既使得人物能跟背景分离，又起到为画面增添彩色气氛的作用。

综上，棚内人像光线造型中，色光的使用无处不在，且功能多样，可用作被摄主体的主光、辅助光，还可以用作背景光、轮廓光以及修饰光。色光为棚内人像造型增添了欣赏性和丰富性。摄影者还可以通过后期，用色光三要素（色相、明度、饱和度）整体调节颜色或对画面中某个颜色做单一调节色彩的效果。这些后期处理技巧为摄影者提供了更多的创作空间和可能性，有助于实现更加完美的画面效果。

三、风、烟、水、火等元素运用于摄影造型

摄影师为了提升棚内人像作品的欣赏性，除了使用常用布光方法，还会专门在画面中加入风、烟、水、火等拍摄元素，结合棚内人物的光线造型，突显人物的个性。比如美国著名人像摄影师安妮·莱博维茨，她在 20 世纪 70 年代为《滚石》等时尚杂志拍摄了大量令人印象深刻的封面。在拍摄黑人影星乌比·戈德堡时，她通过将模特浸泡在牛奶浴缸里的幽默肖像，让人联想起戈德堡在电影《修女也疯狂》中的出色幽默表演，把人物银幕形象和个人魅力相连接，产生了很好的商业宣传效果。另外这些元素加入画面中，也能提升画面的故事性和戏剧性。例如法国艺术家贝尔纳·弗孔，火是他作品中的重要意象，在他的《宴会》《燃烧的雪》《可变迁的时光》中都有体现。在他的这些作品中，火不仅是造型的元素，更是一种意象，火焰点燃的风景激发出一种魔力，既代表着青春的冲动，又象征即将燃烧殆尽的荒芜。从以上拍摄案例可以看出，摄影师在拍摄影像作品时经常会有意无意地使用这些元素来增强画面的动感和丰富性。比如拍摄在水中的人物肖像，在黑暗背景下，水珠在侧逆光的照明下会显示出晶莹剔透的样子，非常吸引人。

在摄影棚使用风、烟、水、火等元素进行摄影造型，要极

其注意安全。由于摄影棚的插电设备比较多，稍有不慎就会引起短路导致火灾或触电事故，所以运用这些元素要特别注意安全问题，做好防范工作。特别是在使用水元素的情况下，首先，用电要注意防水，准备可靠的电源插线板，可随时切断电源。其次，所有灯具应尽量远离有水的区域，必要时灯具要用塑料布包裹保护。再次，最好为模特准备好一个比较大的塑料池和毛巾，防止水花四处飞溅，尽量避免水花和摄影器材接触造成短路。最后尽量不要移动已布好的灯具设备，这会增加拍摄的风险。

除了安全问题，拍摄过程中还要注意，风、烟、水、火虽然可以增加画面的灵动感，但每次拍摄其瞬间的状态都在变化，摄影师要抓住这种意象美的瞬间并不容易，需要尝试使用不同快门速度来获得最佳的拍摄效果，为人像主体增加氛围感和叙事性。同时，一定要注意，对于人像摄影来说，它们只算是陪体或背景，所以与被摄主体模特在摄影构成上的主次关系、虚实关系、明暗关系等问题要综合考虑，不要喧宾夺主。

第五节　棚内创意人像摄影布光案例

　　在掌握了棚内人像摄影布光的主要要领，并能出色完成一些基础经典的人像摄影光线造型之后，摄影师往往会进行更富挑战性的创意人像拍摄。本节将通过一些出色的创作案例，来解析如何通过一些特殊的光线造型手段和方法拍出创意人像作品，希望对摄影学习者能有所启发。

一、棚内创意人像摄影布光案例 1

图 7-5-1　《彩色的梦》朱汉举摄

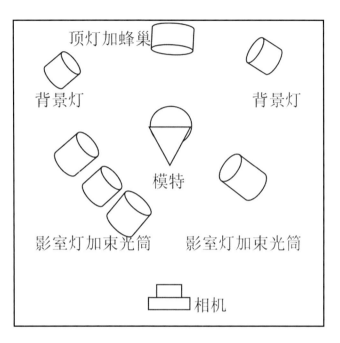

图 7-5-2 《彩色的梦》布光图

拍摄格式：RAW 文件

快门速度：1/125s

光圈：f/13

曝光程序：手动

色彩空间：sRGB

感光度：ISO200

白平衡：选择色温 5200K

焦距：145mm

像素：5760 × 3840

相机：Canon EOS 5D Mark Ⅲ

镜头： Canon EF70—200mm

灯具：影室灯加蜂巢和束光筒

道具：彩色玉米粉

《彩色的梦》的创作灵感源于作者在一次印度旅行中了解到的洒红节的盛况。节日里人们用花朵等植物制成的彩色粉末相互抛洒，投掷水球，以示祝福，充满喜庆。摄影师在影棚内拍摄此作品时，四位摄影助手站在与模特不同距离的位置，将彩色玉米粉抛向空中及模特的面部。模特则在彩色的粉尘中变换不同的姿势。整个拍摄过程非常美妙，现场充满彩色的光线，在场的每个人都有一种幸福来袭的感觉！

这幅人像作品给人的第一印象就是绚丽的色彩以及彩色粉末在空气中飘洒的动感。要想表达艳丽、明亮的色彩，侧光是作为主光比较理想的光位。这幅作品中模特的侧面朝向相机，画面中最亮的光是一束与人物、相机垂直呈90°，从高位照射下来的光线，由于这束光只能照亮模特脸部比较窄的区域，模特朝向相机的一侧脸会处于黑暗中，所以要在靠近相机的位置加设辅助光来冲淡阴影。从布光图看，摄影师在机位左侧设置三盏加束光筒的灯起到了辅助光的作用，右侧也设置了一盏加束光筒的灯起到了辅助光的作用，目的是对模特侧面乃至头发进行补光，从而更好地表现细节的质感。附件使用蜂巢加束光筒，能把光线控制在小范围，而不会影响大面积黑色的背景。另外，拍摄时还使用了一盏加蜂巢的顶光作为修饰光，照亮模特的头顶位置，刻画头顶头发的细节层次。

这张创意人像作品用光精妙，使得画面中人物脸部既有高光又有暗部，而且暗部的细节十分丰富，即使模特脸部被彩色粉末覆盖，依然呈现出立体感。在辅助光的顺光照明下，画面中色彩的明度、色相、饱和度都恰到好处，丰富悦目。

二、棚内创意人像布光案例 2

图 7-5-3 《曼妙身姿》朱汉举摄

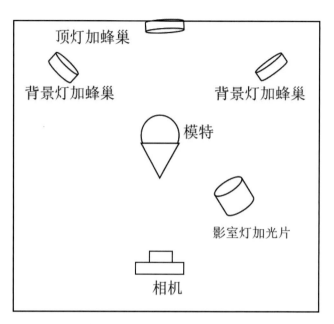

图 7-5-4 《曼妙身姿》布光图

拍摄格式：RAW 文件

快门速度：1/125s

光圈：f/5

曝光程序：手动

色彩空间：sRGB

感光度：ISO320

白平衡：选择色温 5200K

焦距：24mm

像素：6720×4480

相机：Canon EOS 5D Mark IV

镜头：Canon EF24—70mm

灯具：影室灯加蜂巢

道具：遮光图案滤片

精湛的用光、模特曼妙的身姿使画面美感得到升华，一切都配合得刚刚好，这就是摄影师要努力的方向。拍摄时，摄影师尝试了黑白影像和彩色影像两种呈现方式，但最终还是选择了黑白影像，这主要是由于黑白影像更加纯粹、大气。同时，简单的黑白画面能使人静下心来，仔细欣赏。

　　《曼妙身姿》这幅作品构思巧妙，用光简练而又独到。主要是在逆光剪影的基础上，将叶子造型的光影投在模特身体上，好似给她穿了一件光影斑驳的衣服。背景光作为主光，画面背景右侧有一盏加蜂巢的高位灯，自上而下打出渐晕效果；左侧也有一盏加蜂巢的灯自下而上照射，强化背景光的渐晕效果。这样，画面主要的剪影效果就完成了。使用一支照射范围角度极小、能打出边缘清晰硬光的聚光灯对模特进行照明，并在灯的前面加叶子图案的遮光图案滤片，使得极富美感的树叶形状光斑与模特的剪影完美结合，美妙的黑白光影为模特披了上一层富有表现力的别致的衣衫。

三、棚内创意人像布光案例3

图 7-5-5 《梦想舞动》朱汉举摄

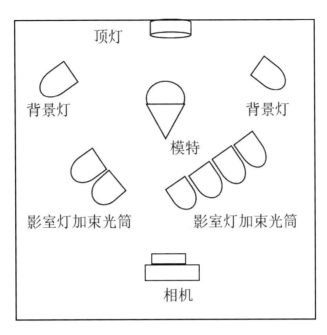

图 7-5-6 《梦想舞动》布光图

拍摄格式：RAW 文件

快门速度：1/125s

光圈：f/11

曝光程序：手动

色彩空间：sRGB

感光度：ISO100

白平衡：选择色温 5200K

焦距：45mm

像素：6720 × 4480

相机：Canon EOS 5D Mark IV

镜头：Canon EF24—70mm

灯具：影室灯加束光筒

《梦想舞动》这张照片的拍摄对象是一名中国舞蹈家。摄影师使用多灯布光，通过光与影的结合，营造出画面美感。画面中被摄对象非常有表现力的肢体动作，既表明了人物的专业特长，又为人物肖像增添了灵动的气息。

　　布光过程中对被摄对象主体照明仍是最重要的，从拍摄者提供的布光图来看，主光是一组由4盏灯构成的高角度的侧顺光，又有另外两盏灯在另一侧起到辅助光的作用，还使用了一盏顶光灯，作为辅助光补充照明模特仰起的面部。背景光由两盏裸灯发出，光线照向背景并在背景上形成两个模糊的光区，使得舞蹈家美妙的手部姿势恰巧能够在背景上形成投影效果。这幅作品在拍摄时用了9盏灯，虽然灯很多，但是用光巧妙，主光加束光筒的使用有效控制了光线照亮的区域，使得画面表现力非常强，而且画面暗部区域的表达给予了观者丰富的想象空间。

四、棚内创意人像布光案例 4

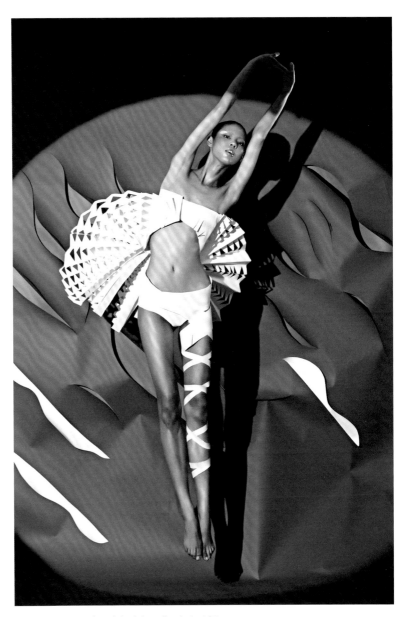

图 7-5-7 《运动与时尚 07》 唐小平摄

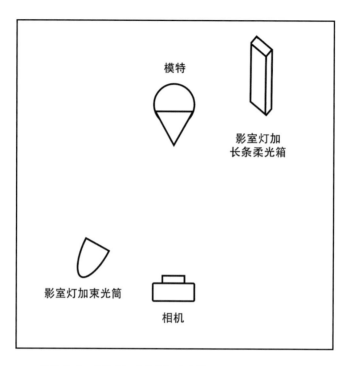

图 7-5-8 《运动与时尚07》布光图

拍摄格式：RAW 文件

快门速度：1/125s

光圈：f/5

曝光程序：手动

色彩空间：sRGB

感光度：ISO125

白平衡：手动白平衡

焦距：93mm

像素：5616×3744

相机：Canon EOS 1Ds Mark Ⅲ

镜头：Canon EF70—200mm

灯具：影室灯加长条柔光箱并束光筒

道具：背景纸

《运动与时尚07》这幅作品是拍摄者为腾讯大粤网拍摄的主题片中的一幅，用于奥运会期间的宣传。照片用色彩来表达时尚和艺术感。时尚是难以被准确定义的，可能和艺术有关，可能和时装有关，可能和潮流有关，也可能和创意设计有关。时尚既是一种社会心理现象，又跟视觉体验密切相关。这组片子用一种强烈的视觉符号来表达运动，应该也算是一种时尚。

　　该片在摄影棚里拍摄，摄影师使用高速同步闪光来凝固模特跳跃的动作。背景和人物的服装都是用纸制成的，有一种简约抽象的美。整个拍摄中的照明由两盏灯完成。两盏灯一前一后布置，前侧方的主灯加束光筒，投射出一个大的圆圈，使得画面背景仿佛一片绿色的荷叶，让人感受到夏日的清凉之意，同时圆形光区又起到了聚焦观者视线的作用。模特侧后面的灯加上一个长 60cm 的长条柔光箱，用于照亮轮廓和降低反差。

拍摄练习：

1. 拍摄蝴蝶光硬光造型作品一张，要求画面中人物鼻子下方有边界清晰的蝴蝶状阴影。

2. 拍摄伦勃朗宽光照明人像造型作品一张，要求封闭的倒三角形光斑效果清晰且包括眼睛区域，有宽光照明效果。

3. 拍摄自由创意多灯造型作品一张，要求至少使用 3 支灯，画面中要包含主要造型光效果。

结　语

　　本书的内容其实是我对自己多年来的摄影光线造型教学工作做的一个深入的总结和思考，希望对摄影的学习者有一定帮助，引发他们对摄影光线造型学习的兴趣并化为摄影创新实践的创作动力。非常感谢在本书写作过程中给予我帮助的老师、朋友和可爱的学生们！书中难免存在不足之处，希望朋友们多批评指正。